新手妈妈

你知道吗？

——婴幼儿养育照护手册

主　编◎方玉琦　彭　芳　李寒梅

副主编◎王团美　吴贤琳　陈　桃　向秋红　何燕娟　楚　丹

编　委◎谢鑑辉　柳红艳　杨碧云　张宏美　胡桃艳　李晓莉　邓凤良

　　　　王　娟　易晓敏　赵丽辉　胡　蓉　许　芳　何　维　文　畅

　　　　秦　辉　赵　敏　李婷婷　朱文丹　谭　琳　赵志娟　曾　珊

　　　　肖姝娟　肖　琴　李成玲　谭　斌　张桂若　王国红　李金花

　　　　潘　芳　凌水英

湖南科学技术出版社

长沙

前　言

孩子，是上天赐予父母最神圣的礼物！一声啼哭，宝宝呱呱坠地，初见之喜，乍见之欢，新生命的到来，让新手妈妈幸福万分，但想尽最大努力给宝宝最好养育的同时，也对于即将面临的育儿生活茫然不知所措。

不要忧虑！为了让新手妈妈更加从容地度过人生中这一重要的阶段，本书贴心地为您预备了从产前准备到宝宝出生并一直持续至宝宝3岁这段时间里，兼顾营养、睡眠、日常护理、健康监护与保健、回应性照顾、早期学习、安全、疾病的预防等方面的知识，从医学的角度给予新手妈妈们科学全面的指导。本书内容简单易懂，从简单的衣、食、住、行到早期教育应有尽有，就像您身边的育儿贴心小管家，帮您答疑解惑，助您成为育儿行家！

为了方便阅读，本书以时间为主轴，分为妈妈准备、早产儿、1个月、2~12个月、1~2岁、2~3岁六个章节，无缝衔接，循序渐进，在表现形式上，我们注重文字与图片的结合，以科学、严谨、富有亲和力的文字向读者说明育儿过程中遇到问题的处理方法，以温馨、可爱的图片告诉读者婴幼儿养育照护并非充满痛苦而是饱含喜悦的过程。希望不管您是一胎妈妈还是二胎妈妈，都能从书中找到有用的育儿知识，帮助您陪着宝宝慢慢成长！

衷心感谢湖南科学技术出版社对本书所做的帮助。

希望本书能切实为新手妈妈及其家人提供育儿的帮助，鉴于医学的局限性和不断发展的特点，本书难免存在不妥之处，恳切希望广大读者在阅读过程中不吝赐教，编者将不胜感谢。

王团美

2022 年 10 月

目录
Contents

第三章　1个月

第四章　2～12个月

第五章　1~2 岁

第六章　2~3岁

第一章

妈妈准备

第一节　孕前准备

一、孕前 3 ～ 6 个月的准备

每一位父母都希望生下健康的宝宝，但是有很多宝宝在出生后却带有先天性缺陷。缺陷儿的发生对宝宝、家庭以及社会都是一个沉重的负担，其实很多宝宝先天性的缺陷在备孕期间就能预防。那么该如何有效备孕呢？

1. 饮食调整。备孕前 3 个月到孕后 3 个月，准妈妈应每天补充 0.4 ～ 0.8 毫克叶酸片及多种维生素，日常膳食中增加优质蛋白质，富含维生素和微量元素的水果、蔬菜。通过饮食调整到标准体重。

2. 养宠物的准妈妈应进行弓形虫检查，并避免接触宠物排泄物。

3. 孕前 3 个月避免接触含铅、汞等有毒有害化学物质（如清洁剂、杀虫剂等）。慎用药物，不得服用或注射具有致畸、致突变的药物，保持愉快的心情，养成良好的生活习惯，戒烟戒酒，远离毒品。

4. 坚持运动。在备孕期间多参加体育运动，不仅可以让自己的身体更加健康，并且对于提升备孕概率也有一定的作用。

5. 进行孕前优生检查。夫妻双方要进行健康检查和优生咨询，了解夫妻双方的健康状况，保持最佳的健康状态，创造良好的备孕条件。

6. 孕前健康教育。夫妻双方要掌握孕前优生知识，并了解夫妻双方疾病、遗传、用药、生活习惯、营养和环境有害因素等对孕育的影响。

二、防控出生缺陷从备孕开始

《健康中国行动（2019—2030 年）》指出，妇幼健康是全民健康的基础，出生缺陷严重影响儿童生命健康和生活质量，预防出生缺陷有助于提高我国人口健康素质。我国是人口大国，也是出生缺陷高发国家，每年新增 80 万～120 万名出生缺陷儿，平均每 30 秒就有一名缺陷儿出生。

我国"出生缺陷干预的三级预防体系"是：一级预防旨在防止出生缺陷的发生；二级预防要减少出生缺陷儿的出生；三级预防要提高患儿的生活质量，促进健康。落实一级预防是最有效、最经济的手段。各地要坚持科学地向大众科普防治知识，做好育龄人群的宣传指导、健康教育；坚持因地制宜地干预各地出生缺陷问题。全面推广开展一、二、三级预防，进行包括婚检、孕前优生检查、孕早期增补叶酸的宣传教育；积极推进产前筛查、产前诊断、预防控制缺陷儿的出生；对有出生缺陷的新生儿进行早期筛查、早治疗、早康复，以期提高出生缺陷孩子的生活质量。

很多人认为孕期补铁没有必要，这是另一大常见误区。妊娠期女性贫血发生率较高，其中至少半数是由于缺铁导致的。孕期和哺乳期对各种营养素的需求均高于孕前，特别是孕中晚期胎儿需要大量营养，此时大部分孕妇体内的铁已无法满足供应需求，极易造成贫血等症状，影响胎儿的营养输送。世界卫生组织建议妊娠妇女每日补铁 30 ～ 60 毫克，以帮助减少母亲贫血以及低出生体重儿和早产的发生。

有的女性对于孕期还有"药补不如食补"的错误观念，认为通过多吃水果和肉食蔬菜等食补，就足够补充孕期所需营养，这很容易导致孕妇膳食结构不均衡，以及关键营养素摄入不足。单纯通过膳食，并不能完全满足孕期对多元营养的需求。孕妇可以通过科学服用营养补充剂，预防营养缺乏病，避免胎儿出生缺陷。

补充营养关键是均衡，优质备孕需夫妻共同参与。值得注意的是，补充营养应充分遵循"木桶理论"，均衡是关键。要避免只补充单一的营养成分，应同时补充孕期专用，含有叶酸、钙、铁、维生素 A、维生素 D 等多元营养素的复合型膳食补充剂。相较于单一营养补充，良好的多元营养干预可以降低出生缺陷，改善妊娠结局。

三、围受孕期增补叶酸预防神经管缺陷

原国家卫生部于 2009 年 6 月启动了增补叶酸以预防神经血管缺陷的重大公共卫生项目，为农村户籍有生育计划的妇女免费提供叶酸增补剂。此后，有生育计划的城镇妇女也被纳入了叶酸增补剂发放对象。那么，叶酸该如何服用呢？在围孕期增加叶酸到底有什么作用呢？

在准备怀孕的前 3 个月到怀孕后 3 个月期间都应该服用叶酸片，最好是在饭后半小时左右用温水送服。服用叶酸片一般至少需要 4 周后，体内的叶酸缺乏状态才能被纠正。实际上，每日补充 0.4 ～ 0.8 毫克的叶酸可以有效预防新生儿神经管缺陷，因为人体无法自身合成叶酸，所以需要孕妇主动从饮食中获得。叶酸有 5 大作用，主要用于预防孕妇及胎儿贫血症状，有效防止胎儿神经管缺陷，减少妇女患先兆子痫的风险，减轻妊娠反应，有效预防胎儿先天性疾病、唇腭裂等表体畸形。

第二节　孕中准备

一、孕期营养与体重管理

（一）孕期营养和体重管理十分重要

国务院颁发的《国民营养计划（2017—2030 年）》将"生命早期 1000 天营养健康行动"列为六大营养行动的首位，围产期作为生命早期的始动阶段，科学的营养管理至关重要。

孕期营养不足，可导致孕妇出现贫血、低血糖、低血钙、早产、胎膜早破、产时子宫收缩乏力引发的产后大出血、产后乳汁不足等问题；胎儿可能出现宫内大脑和体格发育不足、低出生体重、克汀病等。但随着人民生活水平的提高，孕期营养过剩的问题更为突出，相伴而来的是孕妇体重增长过多。不仅增加孕妈妈们妊娠期糖尿病、高血压的风险，还会导致胎儿过大，增加手术产率。大量研究显示，孕期无论营养不足或过剩，都会增加子代成人后多种代谢性疾病的发生风险，例如肥胖、血脂异常、心脑血管疾病、高血压、糖尿病等。

（二）孕期营养与膳食

在孕早期，因为胎儿的生长发育相对缓慢，备孕期的良好营养储备可以维持母体和胎儿在这一时期的营养需要，因此，除了保证关键营养素例如叶酸的补充外，食物量和孕前保持一致即可。建议孕妇每天摄入 130 克碳水化合物。可提供 130 克碳水化合物的食物有：200 克左右的全麦粉；或者 170 ~ 180 克精制小麦粉或大米；或者大米 50 克、小麦精粉 50 克、鲜玉米 100 克、薯类 l50 克的食物组合，是满足 130 克碳水化合物的最低限的食物。

研究表明，孕早期能量摄入过多导致孕妇孕早期体重增长过多是孕期总体重增长过多的重要原因，可明显增加妊娠期糖尿病等妊娠并发症的发生风险。因此建议孕早期做到：膳食可口，量同孕前，碳水充分，补充叶酸，增重不超 2 千克。

孕中期开始，胎儿生长速度加快，需要全面均衡的营养补充，例如蛋白质、维生素 A、钙、铁和膳食纤维。铁的需求量约为孕早期和非孕期的 10 倍，建议每周吃 1~2 次红肉或动物肝脏。孕期容易出现便秘，可通过补充膳食纤维改善。总的来说：

1 孕中期开始，每天增加奶 200 克，使奶的总摄入量达到 500 克 / 天。可选用液态奶、酸奶，也可用奶粉冲调，可分别在正餐或加餐时食用，孕期体重增长较快时，可选用低脂奶，以减少能量摄入。

2 孕中期每天增加鱼、禽、蛋、瘦肉共计 50 克，孕晚期再增加 75 克左右。当孕妇体重增长较多时，可多食用鱼类而少食用畜禽类，食用畜禽类时尽量剔除皮和肉眼可见的肥肉，畜肉可优先选择牛肉。

3 每周最好食用 2 ~ 3 次深海鱼类。如三文鱼、鲱鱼等，含有较多不饱和脂肪酸，对胎儿的大脑和视网膜功能发育有益。

表 1-1　孕中期及孕晚期孕妇一天食物建议量

食物种类	建议量（克／天）	
	孕中期	孕晚期
谷类／薯类（全谷物和杂豆不少于1/3）	200 ~ 250/50	200 ~ 250/50
蔬菜类（绿叶蔬菜、红黄色等有色蔬菜占2/3以上）	300 ~ 500	300 ~ 500
水果类	200 ~ 400	200 ~ 400
鱼、禽、蛋、肉类（含动物内脏）	150 ~ 200	200 ~ 250
牛奶	300 ~ 500	300 ~ 500
大豆类	15	15
坚果	10	10
烹调油	25	25
食盐	6	6

（三）孕期怎么管理体重

孕期体重增长过多会影响孕妇和胎儿的近期、远期健康。但控制体重的同时，也要考虑到胎儿生长发育的需要，保证脂肪的充足储备，为产后哺乳做准备。科学适宜的体重增长范围，可通俗理解为"每周半斤8两"，即孕前体重正常的，每周增长不超过8两（400克），孕前超重／肥胖的，每周增长不超过半斤（200克）；孕早期体重增长均不宜超过2千克。控制体重应避免高热量食物，少油、少盐、少糖，少吃外卖，少喝饮料，控制水果、甜点、坚果、调味酱的摄入。此外，没有特殊禁忌的情况下，全孕期建议每天30分钟中等强度的运动，如快走、游泳、有氧操、瑜伽等；如果既往没有运动习惯，可以少量多次、循序渐进地从每天运动5~10分钟开始，逐渐达到30分钟。

表 1-2　孕期适宜体重增长值及增长速率

孕前体重指数 [体重（千克）÷身高²（米²）]	总增重范围 （千克）	孕中晚期增重速率 （千克／周）
低体重（< 18.5）	12.5 ~ 18.0	0.51(0.44 ~ 0.58)
正常体重（18.5 ~ 25）	11.5 ~ 16.0	0.42(0.35 ~ 0.50)
超重（25 ~ 30）	7.0 ~ 11.5	0.28(0.23 ~ 0.33)
肥胖（≥ 30）	5.0 ~ 9.0	0.22(0.17 ~ 0.27)

二、备孕及孕期如何合理用药

随着二胎政策的开放，越来越多的高龄孕妇选择生育二胎要想生育一个健康的宝宝，达到优生优育，孕期合理用药尤为重要。

孕期用药要特别注意几乎所有药物都能通过胎盘，因此孕期用药等于母婴同时接受治疗。胎儿正在生长发育，其生理情况有异于成人，如孕期药物使用不当，可能对胎儿造成不良影响，这包括致死、致畸，或致胎儿脏器损伤和功能异常等。

妊娠期患病用药是正常的，因为只有孕妇健康，胎儿才能正常发育。关键是合理、恰当，应尽量选用不经胎盘代谢能保持药效的药物。孕 3 个月内是胎儿器官发育的重要时期，用药要特别慎重，可以推迟治疗的，尽量推迟到这个时期以后。医生应向孕妇解释用药原则及可能发生的问题，禁止自行服用任何未经医生允许的药物，避免一味追求新药，应首选疗效肯定且无危害的药物。如必须用药，应选择疗效肯定、绝无致畸作用的药物，以及在体内代谢过程清楚的药物，并在尽可能短的时间内给予尽可能小的剂量。若病情急需，要应用对胎儿有危害的药物时，应先终止妊娠再用药。

三、自然分娩的好处

自然分娩属于生理过程，对产妇和宝宝都是十分有好处的。

（一）对产妇

1 产后恢复快，生产当天就可以下床活动。

2 2～3天可以出院，花费少。

3 产后可立即进食，尽早进行母乳喂养。

4 仅有会阴部伤口，没有腹壁及子宫切口，感染概率低，疼痛刺激少，并发症少。

5 可以及早进行锻炼，有助于体型恢复。

（二）对宝宝

经产道挤压，胎儿呼吸道内液体大部分排出，有利于宝宝肺扩张，建立自主呼吸，减少新生儿窒息和肺炎。经产道挤压，皮肤神经末梢经刺激得到按摩，宝宝神经系统发育较好。出生后不需要等待母亲醒麻药即可进行母婴皮肤接触，增加母子感情，促进母乳分泌。

四、选择合适的胎教音乐

胎教音乐能使孕妇情绪平静、放松，并能伴随着情绪发生一系列生理变化。如胎盘循环阻力下降、灌注胎盘的血液量增加，有利于增加胎儿的营养和氧气供应。妈妈开心了，宝宝自然长得好。

孕妈最好听一些舒缓、欢快、明朗的乐曲，而且要因时因人而选曲。在孕早期，妊娠反应严重，可以选择优雅的轻音乐；在孕中晚期，听欢快、明朗的音乐比较好。最好不要听摇滚乐，也不要听一些低沉的音乐。进行音乐胎教时声源不要直接放在肚皮上；音频应该保持在2000赫兹以下，噪声不要超过85分贝。胎教音乐时间不宜过长，5～10分钟的长度比较合适。超过这个时间，胎儿的听觉神经和大脑会疲劳。音乐胎教要间隔地让胎儿反复聆听，才能造成适当的刺激。

五、预防艾滋病、梅毒、乙肝母婴传播

我国政府高度重视预防艾滋病、梅毒和乙肝母婴传播的工作，妇幼健康司组织制定了《预防艾滋病、梅毒和乙肝母婴传播工作规范（2020年版）》。总目标为全面、规范落实预防母婴传播综合干预服务，减少相关疾病母婴传播，不断提高妇女儿童健康水平和生活质量。

工作内容：

1. 开展形式多样的健康教育和宣传活动，提高孕产妇及其家人对预防母婴传播的认知水平。

2. 为所有孕产妇尽早提供艾滋病、梅毒和乙肝检测与咨询服务。

3. 将感染孕产妇纳入"紫色"妊娠风险分级并进行专案管理。实施标准防护措施，减少分娩过程中的疾病传播。

4. 为感染孕产妇所生儿童提供健康管理服务，监测感染症状和体征，强化儿童生长发育监测、喂养指导、计划免疫等常规保健服务。

5. 尊重感染者合法权益，保护个人隐私，努力营造无歧视的医疗环境和社会氛围。

具体措施如下：

1 预防艾滋病母婴传播。感染孕产妇孕期需接受规范的抗病毒治疗，用药前、用药期间进行病毒载量、CD4+ T 淋巴细胞计数等检测，及时对感染孕产妇所生儿童进行预防性抗病毒治疗。喂养方面，提倡人工喂养。

2 预防梅毒母婴传播。发现梅毒感染的孕产妇，需尽早进行规范的青霉素治疗，对所有梅毒感染孕产妇所生儿童，出生后即实施预防性青霉素治疗，同时进行梅毒感染相关检测，及时发现先天梅毒患儿。

3 预防乙肝母婴传播。乙肝病毒表面抗原阳性的孕产妇需密切监测肝脏功能情况，必要时在传染专科医生指导下进行抗病毒治疗。对乙肝病毒表面抗原阳性的孕产妇所生儿童，出生后 12 小时内尽早接种首剂乙肝疫苗，同时注射 100 国际单位乙肝免疫球蛋白，并按照国家免疫程序完成后续乙肝疫苗接种。在儿童完成最后剂次乙肝疫苗接种后 1 ～ 2 个月及时进行乙肝病毒表面抗原和表面抗体检测，以明确预防母婴传播干预效果。

六、加强孕期心理保健

孕产期是女性生命中发生重大变化的时期，孕产妇心理健康与身体健康同样重要。孕产妇良好的心理健康状况有助于促进婴儿的身心健康，并促进孕产妇自身的身体状况和自然分娩。孕产妇的心理问题不仅会直接影响其自身的健康状况，还会增加产科和新生儿并发症，影响母婴联结、婴幼儿健康及其心理适应能力等。

建议孕期女性至少参加一次孕妇学校的心理保健课程，学习心理健康知识和自我保健技能。良好的生活方式有助于促进情绪健康，包括均衡的营养、适度的体育锻炼、充足的睡眠等。充分的家庭支持

 新手妈妈你知道吗？

不仅对孕产妇的情绪健康很重要，更有利于家庭和谐和儿童的健康成长。对于具有心理健康高危因素的孕产妇，如不孕症病史、不良孕产史、睡眠差、胎儿畸形、抑郁焦虑症病史、性格内向自卑、敏感多疑、情绪不稳、存在家庭暴力、存在重大压力、经历了负性生活事件、吸毒酗酒等，须及时找医务人员进行咨询干预指导。常见心理问题和处理方法：

（一）睡眠问题

睡眠节律改变（昼夜颠倒、提前或推迟），睡眠时间减少或增加，睡眠质量差，失眠（入睡困难，睡眠浅，易醒多梦，再入睡困难，早醒）。

缓解睡眠问题的方法：

1 饮食调理。均衡合理膳食，避免刺激性强的食物，睡前一杯牛奶。

2 纠正不良生活习惯。睡前减少进食，睡前不宜看过于激烈的影视剧、小说，不宜讨论不愉快的事情，可阅读内容轻松的读物或听轻音乐，忌蒙头睡觉，养成定时睡觉的习惯。

3 保证良好的睡眠环境。卧室选用遮光好的窗帘；环境安静；温度20℃～24℃，湿度40%～60%为宜；居室保持通风，不宜过冷、过热、过于干燥。

（二）敏感多疑

1. 表现：

1 对自身——过分担心自己或胎儿存在某种疾病。

2 对外界——怀疑同事或家人。

2. 消除疑虑的方法：专业技术人员详细耐心解释孕妇身体出现的变化和问题，多与有妊娠分娩经历的人交流，从中获得经验，转移注意力。

（三）焦虑抑郁

产后不适应角色转换；身体虚弱，渴望他人的帮助；对婴儿性别、丈夫情感转移等失望。10%左右孕妇在产后6~8周出现抑郁症状：活动减少，失眠，食欲减退或暴饮暴食，各种躯体疼痛，心慌胸闷；心情低落、对任何事情无兴趣，急躁、易发脾气，言语慢、动作慢，无价值感，注意力不集中，甚至产生轻生念头。

如何避免产后抑郁？

身体和心理同时照顾，丈夫关爱，家人支持，自我调整。

（四）保持孕期积极乐观心理的方法

1 营造和睦的家庭氛围。家人重视和关心孕妇心理变化，理解和安抚；丈夫言行更加体贴、关爱、温情；合理膳食，陪伴运动。

2 建立一种宽容和感恩之心会感谢，常知足，可减少失望和不满情绪。

3 适当地表达情绪和分享快乐。学会释放心中的烦恼，多与家人朋友交流，写信写日记，心理出现担心、紧张、抑郁或烦闷时，去做一件高兴或喜欢的事来转移情绪。

4 改变形象。换一个发型，买一件新衣服，装点一下房间。

5 放松训练。安静平卧，手按腹部，腹式呼吸，慢吸慢呼。

七、分娩准备的物品

（一）妈妈篇

带好两根胎心监护带、产褥垫 10 张以上、计量型卫生巾 2 个以上、卫生巾、棉质短裤，准备 1 套睡衣产后更换，还有小毛巾、纸巾、水杯、高能量易消化的食物（如粥、粉、汤、蛋糕、运动型饮料，可根据产妇喜欢选择带入产房）。

（二）宝宝篇

包被、贴身衣服 2 套、帽子、袜子、湿纸巾等。

第二章

早 产 儿

第一节　母乳喂养

一、早产妈妈泌乳的特点

正常的乳汁产量来自成熟的乳腺发育和泌乳。乳腺发育的三个重要阶段为胚胎期、青春期和孕期。孕期随着孕周的增加，胎盘分泌的雌激素和孕激素水平呈上升趋势。雌激素刺激乳腺导管发育，而孕激素刺激乳房腺体发育。妊娠 32～34 周的早产产妇，妊娠过早终止，乳腺的发育还不能完全达到充分泌乳的水平。早产儿母亲的乳腺虽然不如足月儿母亲发育得成熟，但一样具有泌乳的潜能。早产母亲的泌乳主要分为三期：

泌乳 I 期（孕 16 周～产后第 2 天）和泌乳 II 期（产后 3～8 天）由内分泌系统控制。一般在产后最初的 48 小时，无论是足月或是早产，产妇的泌乳都很少。在产后 48～96 小时，乳汁量会明显增加。对于早产儿母亲，在产后 5 天后的泌乳量有很大的不同，24 小时的产乳量从 200～900 毫升。

泌乳 III 期（产后 9 天～复旧期）为腺体自分泌控制，乳汁的产量由出量决定，出多少产多少。

二、帮助早产妈妈获得乳汁的方法

手挤奶是最有效的挤出初乳的方法。手挤奶获得的乳汁钠含量高，钠的浓度与乳汁量有关，大型电动吸奶器在提高乳汁获得量同时，一些营养素的质量可能会下降。使用吸奶器时，给予按摩和手挤奶，是增加早产儿母亲泌乳量的有效措施。临床比较常用的挤奶计划是：初始阶段，白天2小时一次，晚上4小时一次；2～3周后，坚持每天至少8次，最长时间间隔不超过5小时，夜间挤奶≥1次。

手挤奶具体方法如下：

1 挤奶前用肥皂、流动的水洗净手，采取坐位或站位均可，以自己感觉舒适为宜。把盛奶的容器放在靠近乳房的地方。

2 拇指和食指放在距乳头根部2厘米的地方，二指相对，其他手指托住乳房。

3 两指向胸壁方向轻轻下压，必须压在乳晕下方的乳窦上，以各个方向按照同样的方法，压乳晕，要做到使乳房的每一个乳窦内的乳汁都被挤出。需要注意不可压得太深，否则会引起乳导管堵塞。

4 反复一压一放，几次后就会有奶滴出。一侧乳房至少挤压3～5分钟。每次挤奶的时间一般在20～30分钟，双侧乳房轮流进行。

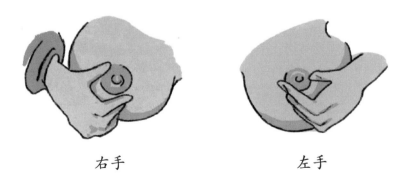

右手　　　　　　　　　左手

三、乳汁的储存、解冻与复温

1 挤出乳汁应该储存在干净的容器内，最好是玻璃器皿、硬质塑料容器或特制的塑料母乳储存袋。挤好的乳汁封紧口后用油性笔在不干胶贴纸上注明挤奶时间。不要使用婴儿奶瓶储存乳汁，因为婴儿奶瓶的盖口不够厚实，无法保护母乳不受污染。新鲜的母乳是早产儿的最佳营养，挤出的乳汁应尽可能早地喂养早产儿，新鲜母乳在25℃~37℃可以保存4小时，15℃~25℃可以保存8小时，2℃~4℃可以保存24小时，−18℃及以下可以保存3个月。

2 母乳的解冻及复温：从冰箱冷冻室取出的母乳可置于冰箱冷藏室解冻，使用前可在37℃~40℃温水中加热，也可使用温奶器，不可使用微波炉或煮沸加热。每次按照喂养量取出母乳，不能反复加热，加热后没吃完的则应丢弃。

四、如何用母乳喂养早产儿

母乳喂养对所有新生宝宝都非常有益，尤其对于早产宝宝而言，母乳喂养的意义更加重要。母乳喂养是由于乳汁含有更多的热量、维生素和蛋白质，对早产宝宝的身体恢复有很大帮助。不仅如此，母乳中含有能帮助宝宝抗感染的活细胞，这对早产宝宝尤为重要。由于早产宝宝的免疫系统特别不成熟，所以被感染的风险更高。即使妈妈能够买到早产宝宝专用的人工配方奶和补充剂，但它们都不能提供母乳中的抗体和其他保护成分，因此母乳喂养对脆弱的早产宝宝来说有很大的好处。那么该如何母乳喂养早产儿？

1 开始的时候，妈妈要慢慢习惯宝宝的暗示。要想让宝宝少哭闹，最大限度地吃东西，妈妈必须搞清楚宝宝什么时候饿了，下一次宝宝会什么时候想吃奶。

2 妈妈喂奶后还要继续挤奶，以确保一直有奶。可以考虑买一台精确的电子秤，在宝宝吃奶前后分别称一称，测量一下宝宝吃进去了多少奶。

3 每隔 3 小时左右给宝宝喂一次奶，每 24 小时大约喂 8 次。当然，妈妈也要灵活处理，如果宝宝吃完奶 2 小时就饿了，就一定要再喂宝宝。最好由妈妈进行母乳喂养，如果吸吮力太差，可以将奶液挤出来用小杯子或小孔径奶瓶少量多次喂养，注意吃奶时的呼吸及面色，如果出现呼吸费力、口唇发青的情况一定要暂停喂养，待恢复正常后再慢慢喂哺。

4 早产宝宝的生活基本就是吃和睡。宝宝不吃的时候，妈妈就要考虑怎么能让宝宝吃。比如，妈妈可以轻轻揉捏一下宝宝的耳垂，抚摸宝宝的身体，刺激他（她）寻求舒适感，这时，宝宝通常会找奶吃。

第二节　追赶性生长

早产儿是一个特殊群体。目前，我国每年出生 150 万左右的早产儿，占全球早产儿总数的 10% 以上，关注早产儿的健康已成为备受瞩目的医学和社会问题。随着围生医学和新生儿重症监护病房抢救技术的进展，危重新生儿的救治成功率明显提高。但因早产儿发育未成熟、疾病及营养摄入不足等原因，早产儿出生后的生长速度持续落后于正常的宫内生长速度，在校正胎龄 40 周时大多数早产儿生长指标均不理想，极低出生体重和超低出生体重早产儿尤其明显。

　　家有早产宝宝的妈妈通常都会比较紧张，呵护起来也更加小心翼翼，而且为了让他（她）尽快跟上正常宝宝的生长步伐，可能会加大喂养量，但一不小心很可能就会出现过度喂养，容易引起"追赶性肥胖"等一系列问题。那么，早产儿该如何科学地追赶生长呢？

一、什么是早产儿追赶性生长

"追赶性生长"又叫补偿性生长，是早产、低出生体重、生长受限或发育迟缓宝宝特有的发育现象，指的是在生长发育过程中，如果受到某些因素如营养不良或疾病等影响，宝宝会出现生长迟缓的现象，偏离正常轨迹，一旦去除阻碍因素，则出现生长加速的现象。

早产儿指的是在妊娠不满 37 周前分娩的新生宝宝，他们通常都会面临着器官发育不成熟、功能不健全、消化吸收能力有限、营养储备不足或生活能力较弱等问题，容易造成生长发育滞后，长大后身体智力等发育情况低于正常婴儿，而通过合理的营养支持等实现早产儿追赶性生长，促进其生长发育，可弥补这些缺陷。

二、追赶性生长的最佳时间段是什么时候

一般认为，早产宝宝最佳的追赶生长时间是出生后第 1 年，尤其是前 6 个月。在此期间，家长一定要合理喂养宝宝，多给宝宝充足、均衡的营养，绝大多数早产宝宝都是可以在 1 ~ 2 年内追赶上同年龄的宝宝的生长发育水平的，家长不必过于担心。

三、早产儿追赶性生长要有度

医生在儿科门诊中经常可以发现，有些家长急于求成，看见自己的孩子因早产或生病瘦瘦小小，便违反喂养规律。过度喂养，孩子胖是胖了，但胖得一发不可收拾，追赶生长没出现，倒出现"追赶性肥胖"，为将来肥胖、糖尿病埋下隐患。

所以，爸爸妈妈要注意早产儿追赶生长也要有度。早产儿父母通常都很焦虑，出生后总是希望过分"追赶"，而营养过剩有可能导致成年期糖尿病、高血压、高血脂、肥胖等问题。在宝宝的追赶生长过程中，科学饮食最为重要，应按照孩子的生长发育规律，给予相匹

配的饮食。

　　家长只要按孩子的月龄选择饮食方案就可以了，这就是最好的喂养，宝宝自然会奋起直追。但要特别注意宝宝微量元素和矿物质的足够摄入，保证每日生理所需的维生素 A、维生素 D、钙、铁、锌的充足，按年龄特征科学地喂养宝宝。

四、早产儿营养支持的目标

　　早产儿营养支持的目标不仅是达到相似胎龄的正常胎儿在宫内的生长速率，而且要达到与正常胎儿相似的体成分和功能状态。即在恢复至出生体重后，体重增长 20 ~ 30 克 / 天，≤ 1500 克 / 天早产儿应增长 15 ~ 20 克 / 天，身长增长 0.8 ~ 1.0 厘米 / 周；头围增长 0.5 ~ 0.8 厘米 / 周，在制定早产儿营养方案时，应针对不同个体、时段的不同特点来进行调整和策划，对出院的早产儿应定期随访其营养状况并根据体重、身长、头围的生长曲线是否正常等进行判断，充分考虑个体差异。

第三章

1 个 月

第一节　营养照护

一、哺乳期妈妈的奶水是吃/喝出来的吗

乳汁的分泌是通过婴儿吸吮刺激而诱发的乳汁反射和排乳反射的建立，以及妈妈体内脑垂体分泌的催乳素和催产素共同作用的结果。宝宝不定时、频繁地吮吸乳头是刺激乳汁分泌的动力，吸吮次数、强度、持续时间与乳量分泌多少密切相关。因此，乳汁越吸越多，且是边吸边分泌的。哺乳开始 2 ~ 3 分钟乳汁分泌较快，吸吮 7 ~ 8 分钟后乳汁减少。因此，要想使母乳充沛，就要让婴儿多吸吮乳头。

越吃越多，这就是母乳。但是现实情况却是，越来越多的新妈妈出现了母乳喂养问题，这一普遍情况导致目前"开奶师"尤其抢手。

在此，告诉新手妈妈们一个秘密——你的宝宝才是最好的开奶师。新生儿的吸吮可以有效促进妈妈分泌催产素和催乳素，刺激乳汁早分泌。想要开奶的妈妈最有效的办法就是增加宝宝的吸吮频率和吸吮时间。

奶水减少时就全天跟宝宝在一起，白天的小睡也一块睡，只要宝宝不抗拒，随时抱起来就喝两口，不在乎他（她）一顿吃多少，哪怕只是吃几口。新手妈妈要时刻记住吮吸的频率是最重要的，不要着急，放松下来，频繁哺乳两三天，一天哺乳 15 次以上，很快就会有

效果。任何发奶汤都没有宝宝的小嘴巴管用，喝再多的汤，不让宝宝多吸也是枉然。新手妈妈们切记：奶是宝宝吸出来的，不是攒出来的，宝宝越吃奶才会越多。

二、哺乳期妈妈乳头皲裂是正常的吗

乳头皲裂是哺乳期乳头发生的浅表溃疡。常发生于哺乳的第1周，初产妇多于经产妇。乳头皲裂是很多妈妈头疼的问题，疼痛会让妈妈痛苦不已。

（一）主要表现

症状较轻者仅乳头表面出现裂口，严重者局部会出现渗液渗血，日久不愈反复发作易形成小溃疡，处理不当又极易引起乳痈，特别是哺乳时往往有撕心裂肺的疼痛感，令患者坐卧不安，极为痛苦。乳头皲裂后，当婴儿吸吮时，会觉得乳头发生锐痛，宝宝不吸吮时会流脓水，并结黄痂。

（二）发病原因

1. 婴儿吸乳用力过大使妈妈乳头皮肤受伤。乳头部位皮肤比较娇嫩，承受不了宝宝吸吮的刺激，尤其是在奶水不足或乳头过小、内陷的情况下，由于宝宝用力吸咬乳头，使乳头表皮受唾液的浸渍而变软、剥脱、溃烂，形成大小不等的裂口。

2. 乳房清洗不正确。妈妈为了保持乳房的清洁，往往会过度用肥皂、酒精等刺激物清洗乳头，造成乳头过于干燥，很容易使乳头皮肤发生皲裂，裂伤严重时还可使乳头溃烂并继发感染。

3. 乳汁分泌过多。乳汁分泌过多，会使乳头长期处于潮湿状态，外溢乳汁侵蚀乳头及周围皮肤，引起糜烂或湿疹。另外，宝宝含接乳头姿势不正确、宝宝口腔有炎症、乳头外伤也可能造成乳头皲裂。

（三）护理方法

1. 每次哺乳之前先做湿热敷，按摩乳房，刺激乳房的排乳反应，然后挤出少许乳汁使得乳晕变软，有助于乳头与宝宝的口腔含接。

2. 喂奶时先吸吮健康一侧乳房，如果两侧乳房都有皲裂，先吸吮较轻一侧，要注意让宝宝含住乳头及大部分乳晕，并经常变换喂奶姿势，以减轻用力吸吮时对乳头的刺激。

3. 每次哺乳后挤出一点奶水涂抹在乳头及乳晕上，让乳头保持湿润，同时让奶水中的蛋白质促进乳头的修复。

4. 裂口疼痛厉害时暂不让宝宝吸吮，用吸乳器及时吸出奶水喂宝宝，以减轻炎症反应，促进裂口愈合。但不要轻易放弃母乳喂养，否则容易使奶水减少或发生乳房结疖、患乳腺炎等。

5. 要穿宽松透气的内衣，以利于空气流通，有利于伤口愈合。

三、吸奶器的压力越大越好吗

不是的，一般宝宝的吮吸压力是60～100毫米汞柱，但是吸奶并不是单纯地拉张乳头，所以吸奶器不是吸力越大越好，舒适度才是最关键的。比较科学合理的吸奶器应该模仿宝宝吸吮的压力，而且可以自由调节压力大小，妈妈们在购买的时候一定要多多注意。

很多妈妈为了追求吸出的奶量多，一次吸奶1小时，导致自己乳晕水肿、疲惫不堪。使用吸奶器并不是时间越长越好，吸的时间过长以后并不容易刺激出奶阵，还容易造成乳房损伤。大多数情况下，单侧乳房吸奶不要超过15～20分钟，双边吸奶的时限也是不要超过15～20分钟。如果吸了几分钟还没

新手妈妈你知道吗？

有吸出一滴奶来，这时候可以先暂停吸奶，用按摩、手挤奶等方式刺激出奶阵后接着再吸奶。

四、残奶必须排除吗

残奶是指女性在断奶，或者回奶以后残留在乳腺导管内，没有完全回掉或者排出的乳汁。一般这种残奶在产后几个月，甚至几年内都还能从乳头挤出少量黄色的分泌物，这其实就是由于残奶在乳腺导管内，水分被吸收后残余的脂肪组织浓缩导致。而这些残奶最终都会慢慢地被乳腺完全吸收，所以残奶根本就不需要人为排除。

充分排空乳房可促进乳汁分泌。乳房排空了，乳汁就会越产越少，这是不少新妈妈的共识。其实这种观点是错误的。充分排空乳房，会有效刺激催乳素大量分泌，可以产生更多的乳汁。如果宝宝没有吸空乳房，也要动手挤奶或使用吸奶器吸奶，这样可以充分排空乳房中的乳汁，能更有效地达到刺激乳汁分泌的目的。

吸出来的母乳可用消过毒的容器装起来冷冻，可以保存3个月，以备不时之需。吃的时候先解冻然后放在热水碗里温热摇匀就可以了。

五、母乳是宝宝最好的食物

母乳是婴儿出生数月内最好的天然食物，母乳喂养是全球范围内提倡的婴儿健康饮食的重要方式。母乳不但可以提供优质、全面、充足和结构适宜的营养素，满足婴儿生长发育的需要，还可以完美地适应其尚未成熟的消化能力，同时促进器官发育和功能成熟。母乳喂养可以满足6个月以内婴儿全部液体、能量和营养素的需要，母乳中的各种营养素和多种生物活性物质为婴儿提供全方位呵护，适应新环境、健康成长。

六、什么时候开奶

婴儿出生后 30 分钟内应尽早开奶，愈早愈好，正常新生儿第一次哺乳应在产房开始。早开奶有利于预防婴儿过敏，减轻新生儿黄疸、体重下降和低血糖的发生。

七、初乳的重要性

分娩后 7 日以内的乳汁为初乳。初乳量少，呈淡黄色，质地黏稠，含蛋白质高（90% 为乳清蛋白）而脂肪低，维生素 A、牛磺酸和矿物质的含量丰富，对新生儿的生长发育和抗感染能力十分重要。

八、宝宝前三天的喂养

产后 72 小时是母乳喂养关系建立的重要时期，宝宝出生后 1 小时内要做到母婴皮肤早接触、早吸吮，24 小时母婴同室，鼓励按需哺乳。当宝宝有吃手、寻找乳房、舔包被等觅食表现时就要开始哺乳了。每 24 小时内有效哺乳次数达 8 ~ 12 次，经评估母乳不足时应及时添加配方奶。

大多数的母婴都能够成功建立母乳喂养，除非有医学指征，否则应劝阻母亲及其家人给婴儿除母乳之外的其他食物和液体，早期的代乳品添加会破坏母乳喂养。

九、如何促进泌乳

婴儿出生后应尽早让其勤吸吮母乳，每侧乳头每隔 2 ~ 3 小时要得到吸吮一次，必要时（如婴儿吸吮次数有限），可以通过吸奶泵辅助，增加吸奶次数。婴儿吸吮前不需过分擦拭或消毒乳头，母亲可先湿热敷乳房 2~3 分钟后，从外侧边缘向乳晕方向轻拍或按摩乳房，促进乳房感觉神经的传导和泌乳。两侧乳房应先后交替进行哺乳。若

  新手妈妈你知道吗？

一侧乳房奶量已能满足婴儿需要，则将另一侧的乳汁用吸奶器吸出。每次哺乳应让乳汁排空，每天排空的次数为 6 ~ 8 次或者更多，充分排空乳房，会有效刺激催乳素大量分泌，可以产生更多的乳汁。

十、母乳与亲子关系

母乳喂养是母婴亲子关系建立的良好开端，母乳喂养可加强母子感情，有利于婴儿智力和心理行为以及情感发展。

十一、奶量足够的信号

1 婴儿每天能够得到 8 ~ 12 次较为满足的母乳喂养；哺乳时，婴儿有节律地吸吮，并可听见明显的吞咽声。

2 出生后最初 2 天，婴儿每天至少排尿 1 ~ 2 次；如果有粉红色尿酸盐结晶的尿，应在出生后第 3 天消失；从出生后第 3 天开始，每 24 小时排尿应达 6 ~ 8 次。

3 出生后每 24 小时至少排便 3 ~ 4 次，每次大便应多于 1 大汤匙。出生第 3 天后，每天可排软、黄便达 4 次（量多）~ 10 次（量少）。

十二、母乳喂养的姿势及正确含接乳头

喂哺时可采取不同姿势（侧卧式、摇篮式、交叉式、橄榄球式），使母亲全身肌肉放松，体位舒适，一方面利于乳汁排出，另一方面可刺激婴儿的口腔动力，便于吸吮。一般喂哺时母亲采用坐位，一手环抱婴儿，使其头、肩部枕于母亲哺乳侧肘弯部；另一手拇指和其余四指分别放在乳房上、下方，手掌托住乳房，将整个乳头和大部分乳晕置于婴儿口中。婴儿嘴巴张大，上下唇外翻呈"鱼嘴"状，下巴紧贴乳房，大部分情况下可观察到婴儿嘴巴上方露出的乳晕多于下方，鼻子露出可自由呼吸。

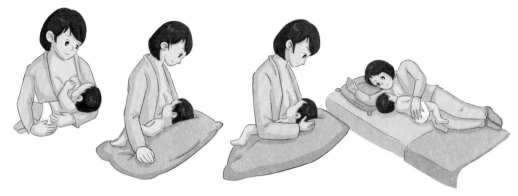

摇篮式　　　橄榄球式　　　　交叉式　　　　　侧卧式

十三、乳头保护罩需要使用吗

出现以下情况时可使用乳头保护罩：

1 乳头问题。由于乳头凹陷，哺乳时不能刺激到婴儿引起吸吮反射的硬软腭交界部位，会导致母乳喂养失败。

2 早产儿问题。早产儿由于发育不完全，在吸吮能力或喂养持续时间上表现较弱。保护罩的使用可以帮助早产儿含接，减少在吸吮暂停后呼吸期从母亲乳房上脱离的几率。

3 舌系带短。舌系带是位于口底前方舌尖下面正中的黏膜皱襞。当新生儿舌系带前部附着点接近牙槽嵴顶，舌不能正常自由前伸，出现舌系带短，婴儿无法正常含接乳房，导致乳头无法达到软腭和硬腭的交界处刺激吸吮。

十四、按需哺乳还是按时哺乳

母乳喂养的新生儿按需哺乳。不要等到宝宝哭闹才让他吃奶，宝宝哭闹是表示已经非常饿了。在宝宝哭之前，他会给你一些信号告诉你他想吃奶了，比如吧嗒嘴、做吮吸的动作、觅食（四处转头来寻找你的乳房）、踢腿或扭动身体以及变得烦躁。在出生后的前几天里，宝宝或许每隔一小时就给你一些这样的信号。白天哺乳的间隔时间不能超过 2 ~ 3 小时，夜里则不能超过 3 ~ 4 小时。

十五、生理性乳胀

由于乳汁的大量分泌以及血管扩张，使得乳房充盈、乳晕膨胀，母亲感受到乳房发热胀满，乳房表面皮肤紧绷，也有个别母亲感觉乳房疼痛等表现。乳房在泌乳 II 期时的胀满一般被认为是生理性的，俗称"生理性乳胀"。在正常进行母乳喂养情况下无须人为干预，肿胀可自行缓解。

十六、急性乳腺炎的预防和处理

最为关键的预防方法是，改善婴儿在乳房上的含接，避免乳头损伤，保证乳汁被婴儿有效移除，不设限制按需喂养。当有意外情况婴儿无法缓解乳房胀满的情况时，利用乳汁分泌的负反馈调节机制，适当保持乳房充盈，必要时使用手挤奶或者吸奶器适当移除少量乳汁避免过度胀满，在二者之间保持平衡，确保乳汁产量与婴儿正常移除量匹配。这需要一定的时间，需要耐心，避免因担心而过度排乳导致过度产奶，反而增加乳腺炎风险。

处理：看乳腺外科医生，在对症治疗的基础上，有效排出感染乳汁是治疗的关键，必要时可选用敏感抗生素抗感染治疗。

十七、手法挤奶

1 妈妈首先要洗净双手，采取舒适的体位，将容器靠近乳房。

2 大拇指放在距乳头 2 厘米左右处，示指放在与拇指相对的位置，其他 3 个手指轻轻托住乳房（"C"字形）。

3 用拇指和示指向胸壁方向轻轻下压，不可压得太深，压力应作用在乳窦上，产妇自己可摸到乳窦，它们像豆荚或花生。再挤压乳头下方及乳晕反复一压一放，沿乳头依次挤压所有乳窦。

4 压挤乳窦时，手指固定不要在皮肤上移动，手指不要接触乳头，每侧挤压 3～5 分钟，换挤对侧乳房。如此反复几次，双手可交替使用，以防疲劳。挤奶的持续时间以 20～30 分钟为宜。

5 操作时不应引起疼痛，否则说明方法不正确，应请医护人员给予示教指导。

十八、电动吸奶

1 清洗双手，清洗乳房。按照产品说明书安装吸奶器配件，保证密闭性，对接触乳汁部分要清洗和消毒。

2 选择合适的吸奶器喇叭罩。尺寸不合适的喇叭罩会导致乳头肿胀，乳汁吸出少。合适的喇叭罩则表现为，吸奶时乳头在管子中央伸缩自如，乳晕只会被稍稍拉动；吸奶后乳头会变大些，但不会肿胀，颜色也不会变深，乳头感觉舒服，乳汁也会吸出更多。

3 正确的吸力。足月宝宝口腔负压在 -170～-60 毫米汞柱，吸力过大可造成乳头疼痛。吸奶时应采用"最大舒适吸力"，从最小吸力开始逐渐增加至感觉稍有不适时减低档，这时的吸奶过程最为舒适和高效。

4 正确的手势。乳导管分布在皮下浅表位置，吸奶时用手掌托住乳房和吸奶喇叭罩，保持密封，避免用力压迫乳房，影响乳汁流出。

5 刺激喷乳反射。喷乳反射俗称"奶阵"。第一次乳汁释放开始后，几分钟会退去。继续吸，几分钟后可能看到第二次乳汁释放。

十九、纯母乳喂养需要喂水吗

纯母乳喂养是指除母乳外不给孩子其他食品及饮料的喂养方法。

 新手妈妈你知道吗？

WHO 等权威机构均推荐，6 个月内的婴儿纯母乳喂养，不需要额外添加水。

二十、月子期间母亲的饮食

选择富有营养、足够热量和水分饮食，若哺乳应多进食蛋白质、热量丰富的食物，并适当补充维生素和铁剂。哺乳者每天摄入总量约 2300 千卡能量，比普通女性多 500 千卡，推荐增加富含优质蛋白质及维生素 A 的动物性食物和海产品，比如瘦肉、鸡蛋、三文鱼、坚果、豆类等；增加液体摄入量，比如牛奶、酸奶等。

哺乳期妈妈一天食物建议量为：谷类 250 ~ 300 克，薯类 75 克，全谷物和杂豆不少于 1/3；蔬菜类 500 克，其中绿叶蔬菜和红、黄色等有色蔬菜占 2/3 以上；水果类 200 ~ 400 克；鱼、禽、蛋、肉类 220 克；牛奶 400 ~ 500 毫升；大豆类 25 克，坚果 10 克；烹调油 25 克，食盐不超过 6 克；每周吃 1 ~ 2 次动物肝脏；每周至少摄入 1 次海鱼、海带等海产品；忌饮酒，避免饮入大量浓茶咖啡。

二十一、乳头扁平和内陷怎么办

（一）妈妈在检查乳房伸展性时，如果发现乳头是凹陷的，可尝试通过用手牵拉将乳头牵出，若能牵出，为假性凹陷。对于这种情况，只要喂哺前用手牵出乳头，即可帮助婴儿含接好。

（二）乳头扁平和凹陷的处理

1 孕期不需要进行任何纠正，因为孕期给予干预没有帮助。且多数妈妈的乳头不需要任何治疗，在分娩后能够自动改善。

2 告诉妈妈，婴儿的吸吮有助于她的乳头向外牵拉。分娩后即刻让妈妈与婴儿进行皮肤接触，尽早开奶。因为婴儿正确的含接部位不仅是乳头，还包括乳晕，当婴儿吸吮时，会把乳房、乳头整个向外拉。

3 帮助妈妈建立母乳喂养成功的信心，并给予必要的指导。向妈妈解释最初可能有些困难，但只要耐心坚持，就能成功。因为从孕末期到分娩后1～2周，乳房受到激素的影响，乳头、乳晕会变软，乳房的伸展性会得到改善。

4 鼓励妈妈与婴儿进行更多的皮肤接触，并且让婴儿自己寻找乳房。不论何时，只要婴儿有兴趣，就让他自己试着去含接乳房。帮助妈妈在喂哺前使乳头凸起，有利于婴儿含接。妈妈可以用手牵拉刺激乳头，也可用乳头吸引器。

5 配置乳头保护罩。从妊娠7个月起佩带，对乳头周围组织起到稳定作用。柔和的压力可使内陷的乳头外翻，乳头经中央小孔保持持续突起。

此外，可指导产妇改变多种喂奶的姿势以利婴儿含住乳头，在婴儿饥饿时可先吸吮平坦一侧，因此时婴儿吸吮力强，容易吸住乳头和大部分乳晕。

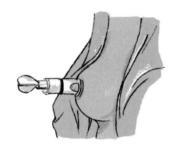

乳头吸引器

乳头保护罩

二十二、双胞胎宝宝的喂养

1 交替哺乳和同时哺乳。

2 按需喂养方式：完全按需喂养模式和交替部分按需喂养模式。

3 一般建议交换乳房喂养，有些情况如乳头感染、婴儿口腔感染，可以固定乳房喂养，避免交叉感染。

  新手妈妈你知道吗？

4　选择合适的喂养体位：双侧橄榄球式、双侧摇篮式、混合式或者半躺式。

5　喂养中存在的问题：母乳不足、妈妈劳累疲乏、婴儿生长问题、早产喂养以及补充喂养。

橄榄球式

二十三、什么情况下需要添加配方奶

（一）婴儿方面

1　婴儿有明显脱水的临床或者实验室证据，例如高钠血症、嗜睡，因为各种原因（解剖结构异常、神经系统疾病、其他疾病等）无法进行母乳喂养等。

2　经由实验室检查明确的（非床边筛查的）无症状低血糖，经过频繁而适当的哺乳无效。

3　某些高胆红素血症的婴儿可能需要：尽管经过合适的哺乳改进措施，黄疸仍旧在 2 ~ 5 天开始出现，同时伴随体重持续丢失，大便排出不足，结晶尿仍旧存在。

4　极少数先天性代谢异常的婴儿，需要特殊代乳品喂养。

（二）妈妈方面

1　妈妈因各种原因（例如原有疾病，分娩并发症等）没有大量分泌乳汁的迹象，或者有乳房病理状况 / 先前的乳房手术等情况，且婴儿有摄入不足的表现。

2　使用某些药物或者各种原因导致的母婴分离，无法提供乳汁造成短时间母乳喂养中断，或者妈妈有某些特殊问题例如 HIV 感染等。

3 少数情况下，妈妈哺乳疼痛且无法忍受。

4 乳腺科确诊原发性乳腺组织不足，妈妈没有乳汁大量分泌的迹象。

二十四、乳汁的储存与加热

母乳储存的条件：无法直接哺乳，可将乳汁吸出，储存于储奶袋中，25℃～37℃可以保存 4 小时，15℃～25℃可以保存 8 小时，2℃～4℃可以保存 24 小时，–18℃以下可以保存 3 个月。

母乳的加热

1 有条件者，使用温奶器，将温奶器温度设置在 38℃～42℃，开启电源，加热期间间断摇动奶瓶，以使乳汁受热均匀。

2 简易方法：将大致等量自来水和开水混合，使水温不超过 42℃。将奶瓶浸泡在热水中定时间，用手感觉奶温，也可以滴一两滴乳汁在手背虎口皮肤，感觉到温热但不烫手即可；如果乳汁仍不够热，可将原先的热水弃去，按上述方法重新准备热水。

二十五、需要唤醒宝宝喂奶吗

为了保证宝宝每天的吃奶次数达到 8～12 次，有时需叫醒睡着的宝宝，如果被叫醒时不想吃奶，那就等半小时再试一次。一些宝宝在没有完全清醒的时候也会吃奶，因此不必等宝宝完全清醒。

新手妈妈你知道吗？

第二节 睡眠照护

一、充足睡眠对宝宝的重要性

对宝宝来说，睡眠质量的好坏直接关系其生长发育。新生儿由于神经发育尚不成熟，容易受到环境、温度、惊吓等因素影响其睡眠质量，不良的睡眠影响新生儿体格、智力发育的同时，也会引起新生儿情绪行为上的问题，造成注意力缺陷、抑郁、焦虑等问题。

睡眠有如下作用：

1 有明显的益智作用。睡眠对宝宝来说，有非常明显的益智、促进智力发育作用。有研究证明，睡眠比较好的婴儿智商发育是比较好的。稍微大一点的孩子，睡眠对孩子的记忆力、创造力、精神状态等方面都有很好的促进作用。

2 促进宝宝生长发育的作用。有研究证明，生长激素 70% 左右都是夜间深睡眠的时候分泌的。有些孩子睡眠特别不好，超过三个月到半年以后，孩子的身高会逐渐出现偏离，这是因为睡眠障碍、生长激素分泌不足引起的。当然，饮食、运动等对身高体重也有影响，但是睡眠是一个很主要的因素。

3 睡眠有储能作用。睡眠有储能作用，即储备能量供人体完成白天的活动。睡眠对情绪状态也有很大的影响，小婴儿也好，大孩子也好，如果缺乏睡眠或睡眠质量不高，会有易怒、烦躁、行为障碍、记忆力减退、活动能力降低等情况，还容易发生意外伤害。所以说良好的睡眠对孩子是非常重要的。

二、宝宝的睡眠节奏

宝宝出生 3 天后，基本上开始形成自己独特的作息规律，这个时期每天需要 16 ~ 18 小时的睡眠，每次连续睡 3 ~ 4 小时，个别可达 5 ~ 6 小时。新生宝宝每天绝大多数时间都在睡眠中度过。

三、宝宝睡眠姿势的选择

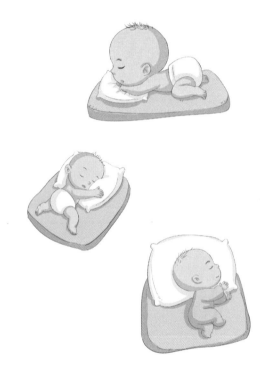

睡觉的时候宝宝常采用的睡姿包括仰睡、侧睡、俯睡。这三种睡眠姿势对宝宝的健康和成长各有利弊。

新生儿大部分采用的是仰卧睡姿，仰卧可以使宝宝全身肌肉放松，对宝宝的内脏压迫最少。但是在仰卧睡觉时，舌根部放松并向后下坠，容易堵塞咽喉部，影响呼吸道通畅。而且长期采用仰卧也容易造成后脑勺扁平。

俯卧的姿势：腹部朝内，背部朝外，脸颊侧贴在床面的蜷曲姿势，这是最自然的自我保护姿势。使宝宝抬头挺胸，锻炼颈部、胸背部及四肢的大肌肉群，促进宝宝肌肉张力的发展。还可以防止因胃部食物倒流而引发的呕吐及窒息，消除胀气。但是 3 个月以内的宝宝，由于头颈部肌肉无力，转动头部的能力受限，易引起窒息。对于小宝宝来说，经常俯卧可能会压迫内脏，不利于宝宝的生长发育。

侧卧是宝宝睡在自己头部的颞侧，脸转向一边，身体侧卧，在睡眠中万一发生回奶，奶液会顺着嘴角流到口腔外，不易发生窒息。

四、宝宝应该在哪儿睡觉

睡眠对于宝宝的成长有很大的影响，而睡眠地点往往是影响宝宝睡眠质量的关键。宝宝应单独睡一张小床，有单独的被褥，这样可以避免和妈妈同一被窝睡的弊端，这对于宝宝的生长发育和良好卫生习惯都有促进作用。

1 分床睡更安全。1岁之前的宝宝，和大人同床睡，会增加许多安全隐患，比如说大床上容易跌落，有时候可能会被深睡中的大人压到，导致窒息死亡。

2 提高宝宝睡眠质量。与大人同床睡时，宝宝很容易受到干扰。例如大人翻身、起床的声音，或是被大人的其他动作打扰。宝宝自己睡，安静的睡眠环境可以帮助宝宝学会自主入睡，从而提高宝宝的睡眠质量。

3 对孩子独立性发展起到一定的促进作用。分床睡是培养孩子独立性的开端，从小习惯与大人同床睡的宝宝，内心容易形成依赖性，甚至需要父母陪伴才可入睡，将来想要自己独立入睡会更加困难。分床可以对孩子独立性发展起到一定的促进作用。

4 分床也会使妈妈在有限的时间内休息得更好。

五、妈妈与宝宝同睡的注意事项

1 不要睡太小的床。可以考虑买一个放在大床边的婴儿床，可以把小床接到大床一边的那种。

2 不要在床上放太多松软的物品。如果宝宝睡在软床垫上或周围都是枕头和松软的被褥，他就有可能窒息或过热。如果和你们同睡的宝宝小于12个月，要尽可能少用毯子，而且被子一定要轻，以减少宝宝窒息和过热的危险。

3 别让宝宝睡在枕头上或头被蒙住。不要把宝宝放在一个大枕头上睡，因为他会有从枕头上翻滚下来或在枕头柔软的皱褶里窒息的危险。

4 不要把宝宝独自留在大人床上。很多父母在离开熟睡没有人看护的宝宝时，会在他的两边放些枕头，但由于他可能会因翻滚进枕头里面而过热或出现呼吸困难，所以这种做法并不合适。理想的方法是，买一个床用围栏安在床边，或者当你们离开房间时，把他放在诸如婴儿篮或婴儿床此类安全的地方。

5 家长不要抽烟喝酒。有研究表明，抽烟者与宝宝同睡，出现婴儿猝死综合征的危险会比较高。药物和酒精也能令你睡得很沉，以至于如果你翻到宝宝身上时，也可能自己并没有意识到。如果与宝宝同睡，就不要抽烟、喝酒或服药。

六、如何为宝宝选择合适的婴儿床

新生儿独睡小床，符合卫生要求，既减少了病毒、病菌的感染途径，又有利于宝宝养成正常的生活规律和习惯。

1 选购婴儿床时，安全因素应该放在首位。比如床垫的尺寸，须确保和床的内径尺寸一致，过大卡得太紧，易导致床体变形；过小会造成和床板之间出现间隙，容易造成宝宝的手、脚，甚至脑袋卡在其中，非常危险；同时，床垫被褥不能过于松软，否则容易造成宝宝窒息。此外，还要求结构牢固、材料安全环保。

2 健康发育因素。宝宝的成长是一个动态的发育过程，头部、脊椎、躯干比例、骨骼发育等都会处于变化之中，因此要选择有好的承托性的床垫，才有助于宝宝睡出好身形；另外，宝宝的皮肤非常娇嫩，容易过敏，新陈代谢快，容易出汗，床品选购时要注意尽量选用天然的材料，没有过多的印染，全棉、透气、吸汗性好的产品。

3 实用性。床的大小、结构功能、甚至样式和价格，妈妈们可以根据自己的需要和居住环境确定。

七、入睡环境的选择

睡眠是新生宝宝最主要的生活方式。营造一个良好的睡眠环境，不仅能让宝宝很快就舒服地进入梦乡，而且能让宝宝明白，这是睡觉的"信号"，一到这种环境，他就知道"该睡觉了"！那么，什么环境有利于宝宝入眠呢？

合适的温湿度。宝宝睡觉时，室内温度在 24℃ ~ 25℃，湿度在 50% 左右最好。所以，冬季要保持室内温暖，夏天则要注意通风和降温。睡觉时不要给宝宝穿太多衣服，也不要盖得太厚，否则宝宝会因为太热而烦躁不安，反而睡得不安稳。如果房间里空气很干燥，可以使用加湿器。但要注意不要把宝宝放在空调、暖气、打开的窗口等通风设备旁。

宝宝睡觉前，要先把室内的光线调暗。宝宝的神经系统尚处于发育阶段，适应环境变化的调节机能较差，如果室内光线太强，会改变人体适应的白昼黑夜的自然规律，导致睡眠时间缩短，影响宝宝正常的新陈代谢和生长发育。卧室注意门窗宜加纱门、纱窗和窗帘，以避免蚊蝇侵扰。

准备让宝宝睡觉时，就要避免大声喧哗，也不要和他玩太刺激的游戏，避免让宝宝过于兴奋，难以入睡。可以给宝宝放一些轻柔的音乐，让宝宝在优美的音乐声中安然入睡。或有节奏地轻拍宝宝，帮助宝宝平静情绪，舒服地进入梦乡。

八、宝宝睡不安稳，放下就醒怎么办

宝宝的睡眠分为深睡和浅睡。年龄越小浅睡时间相对越长，约占睡眠时间的 1/2。当宝宝处于浅度睡眠状态的时候，被放在床上很容易就醒来，这需要妈妈多抱一会儿，等宝宝睡熟后，再把他（她）放在床上。这个时候，妈妈还可以躺下来轻拍他（她），或者陪在宝宝身边做一些自己的事情。有妈妈在身边即使宝宝醒来也能自行入睡。

九、如何唤醒宝宝

刚出生的宝宝大脑皮层没有发育完善，总是会处于睡眠状态。如果想和婴儿玩，那么最好不要叫醒他（她），毕竟睡眠对婴儿来说很重要，充足的睡眠可以保证大脑完全休息，能促进神经细胞的发育。如果遇到特殊情况必须叫醒宝宝，可以试着放轻音乐，妈妈可以用食指，或是用乳头，或奶瓶的奶嘴轻轻触碰小宝宝面颊和嘴角、口周部位。此时，大多数小宝宝会有吮吸条件反射，会醒来吃奶。

十、要不要使用枕头

父母最好是不要给新生儿使用枕头。新生儿发育较快，头部比较大，几乎与肩同宽，颈椎从侧面看是直的，平卧时，颈椎与床面是平行的，不悬空，就不需要支撑，不需要使用枕头。此外，新生儿的颈部很短，如果再用上枕头，会使头部前倾或者偏向一侧，影响其呼吸，时间长了还可能造成新生儿头颈部畸形。

第三节 宝宝的日常护理

一、宝宝大小便的观察

（一）观察新生儿大便：

新生儿在出生后1～2天内排出黑绿色黏膏状大便，为胎便。由胃肠分泌物、胆汁、上皮细胞、胎毛胎脂以及咽进的羊水等组成，没有臭味。随后2～3天排棕褐色的过渡便。以后就转为正常大便

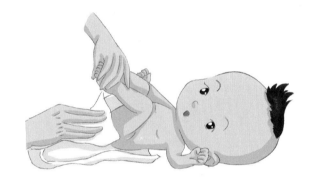

了。母乳喂养的婴儿的粪便多为金黄色软膏样便，粪质均匀略带酸臭味，每天3～5次不等。牛奶喂养的婴儿的粪便多为浅黄色硬膏样便，较干燥、微臭，每天1～2次。新生儿大便有时带一些奶瓣，这是因为新生儿对脂肪和蛋白质的消化功能还不健全，未吸收的脂肪与饮食中的钙、镁结合成皂块，外观同奶瓣，并不是消化不良引起的。大便带鲜血，要看新生儿有没有尿布疹、假月经、外伤、肛门裂。如果大便稀水样、蛋花汤样、绿色发酸，可能因喂养不当、饥饿所致。大便灰白可能有胆道闭锁。

（二）观察新生儿小便：

新生儿往往在生产过程中排第 1 次小便，出生后的第一天，可能没有尿或者排尿 4 ~ 5 次。以后根据入量逐渐增加，一昼夜可达 20 次。如果出生后 48 小时仍无尿，则要考虑有无泌尿系统畸形，应请医生诊治。

二、"马牙"要挑破吗

在新生儿牙龈边缘或上腭上，常可见到一些黄白色芝麻大小的疙瘩。这是由于上皮细胞堆积或由于黏液腺潴留肿胀而引起的，俗称"马牙"，属正常现象，几个星期后可自行消失。千万不要用针挑或用布擦"马牙"，以免擦破感染。

三、宝宝衣物的选择及如何为宝宝穿脱衣物

如何为新生宝宝选择合适的衣物，是一件需要爸爸妈妈多方考虑的事情：

1. 衣服的材质衣着的材质与颜色。给新生宝宝选用的衣物，以纯棉的天然纤维织品为最佳。因为新生宝宝皮肤细嫩，纯棉织品具有柔软、吸汗、透气的特色，能够保护宝宝娇嫩的皮肤。新生宝宝衣物的颜色尽量柔和、浅、淡，深色衣物容易掉色，染料会对宝宝健康产生一定的影响。

2. 衣着的样式和数量。新生宝宝经常需要换衣服、换尿布，为了穿脱的方便，不宜选择太复杂的样式。

一般情况下，比较推荐类似"和尚服"的内衫，从侧面解开，容易穿脱，准备 6 ~ 7 件即可，开的连衣裤款式的衣服也适合新生宝宝，可准备 3 套左右。因为宝宝一天里有可能会换 2 ~ 3 次。新生宝宝尽量不要穿套头衫，这是因为宝宝头大脖子软，颈部力量还不能很好支撑头部，穿脱不易。

新手妈妈你知道吗？

2 下身着纸尿裤即可，不建议穿裤子。宝宝的袜子可以准备 2 ~ 3 双，有效防止婴儿着凉，也可以选择连脚的对襟连身服。

3 宝宝衣物选择宜宽大，保证宝宝四肢活动自如，不受限制。

4 要注意的是，新买的衣服最好先清洗一遍后进行晾晒，去掉表面浮灰的同时也给衣服杀菌。同时，也要将会损伤宝宝幼嫩肌肤的小商标剪掉或拆掉。

3. 帮宝宝穿衣服是一个非常重要的亲子交流时刻，与宝宝视线与语言上的交流有利于增强亲子关系。

首先，双手保持温暖，尽量去掉饰物且不留长指甲；其次，将干净的衣服放在一旁；然后，注意给宝宝穿衣服的顺序。原则上应先将衣服铺好，再给宝宝脱衣服，然后将宝宝抱到衣服上，穿好尿布或尿片后将衣服系好。

四、宝宝纸尿裤的选择与使用

纸尿裤，不仅使用起来方便，还少了洗尿布的烦恼。它是婴幼儿的贴身之物，在选择上不可大意，如果选用不当会引起宝贝的肌肤不适。那么，新手妈妈如何帮宝宝选择纸尿裤呢？

1. 根据宝宝的腰围选择有弹性的纸尿裤，因为宝宝吃饱了肚子会鼓起来，消化后又会扁一些。纸尿裤腰围弹性好宝宝穿着才舒适。

2. 摸表面是否柔软，柔软的表层才不会导致宝宝出现皮肤摩擦受损等情况。

3. 选择吸水能力强、透气性好的。婴幼儿膀胱小，排尿次数多，如果纸尿裤的吸水能力不强就会导致宝宝的屁股经常处于潮湿状态。透气性好的纸尿裤，可透出湿气和热气，预防热痱、尿布疹和湿疹发生。

4. 选择刺激性小的纸尿裤，不含刺激性成分，才不会对婴幼儿的皮肤造成损坏。

5. 挑选合适大小的纸尿裤，满足宝宝不同时期的需求。一般会有这几个型号：初生型 NB（5 千克以下）、S 号（4 ~ 8 千克）、M 号（6 ~ 11 千克）、L 号（9 ~ 14 千克）、XL 号（12 ~ 17 千克）的宝宝。新生妈妈要根据宝宝体型和月龄来选择合适的纸尿裤。

五、如何为宝宝沐浴

新生儿洗澡前的准备：室温维持在 26℃ ~ 28℃，将沐浴需用的物品备齐。例如消毒脐带用物（新生儿脐带未掉落之前），预换的婴儿包被、衣服、尿片，以及小毛巾、大浴巾、澡盆、冷水、热水、婴儿爽身粉等物。同时检查一下自己的手指甲，以免擦伤您的宝宝，再用肥皂洗净双手。洗澡水温应控制在 38℃ ~ 41℃。应先放冷水再放热水（如果先放热水忘记放冷水，很容易引起宝宝皮肤烫伤），然后用手背或手腕部试水温以不觉得烫为宜。也可以使用专门的水温计测量水温，更加准确。

出生后第一周内，宝宝脐带未脱落时，可采用"分段沐浴法"：

脱下宝宝衣服，并将此衣服包裹于胸腹上，暂以保暖。开始洗脸、洗头及颈部，注意勿使水流入耳内。用左肘部和腰部夹住宝宝的屁股，左手掌和左臂托住宝宝的头，用右手慢慢清洗。

洗面——用洗脸的纱布或小毛巾沾水后轻轻擦拭。

洗眼——由内眼角向外眼角擦。

洗额——由眉心向两侧轻轻擦拭前额。

洗耳——用手指裹毛巾轻轻擦拭耳廓及耳背。

洗头——将婴儿专用、对眼睛无刺激的洗头水倒在手上，然后在宝宝的头上轻轻揉洗，注意不要用指甲接触宝宝的头皮。若头皮上有污垢，可在洗澡前将婴儿油涂抹在宝宝头上，这样可使头垢软化而易于去除。然后将新生儿头上的洗发水洗干净。

如若新生儿的脐带尚未脱落，应上下身分开洗，以免弄湿脐带，引起炎症。先洗上身，取洗头时同样的姿势，依次洗新生儿的颈、腋、前胸、后背、双臂和手。然后洗下身，将新生儿的头部靠在左肘窝，左手握住新生儿的左大腿，依次洗新生儿的阴部、臀部、大腿、小腿和脚。

脐部的护理主要是保持清洁干燥，沐浴时不要碰湿脐部，然后用 75% 酒精棉棒消毒脐带根部和周围皮肤，再用消毒纱布覆盖（脐带干燥后无需盖纱布）。

若宝宝的脐带已脱落，那么在洗净脸及头颈部之后，可将宝宝颈部以下置入浴盆中，成仰卧的姿态，由上而下洗完后，将宝宝改为伏靠的俯卧姿势，以洗背部及臀部肛门处。最后，以双手为支托并抓稳宝宝肩部，抱离水中，置于大浴巾上，抹干全身。

整个过程中，身体的皱折及弯曲部位，应特别注意洗净擦干，且动作要轻柔，使宝宝有安全感。

六、宝宝需要每天洗澡吗

新生儿的新陈代谢比较旺盛，经常洗澡不仅能保持新生儿的皮肤清洁，还可促进身体血液循环，增进食欲，有益睡眠及促进新生儿的生长发育。可以天天给宝宝洗澡，但洗澡的时间不宜过长，尽量在十分钟之内，以防长时间洗澡造成孩子体内热量的散失，容易患感冒。新生儿洗澡最好安排在吃奶以前或哺乳 1 ~ 2 小时后，否则易引起呕吐。

七、宝宝要使用爽身粉吗

爽身粉的作用是为了让孩子的一些褶皱部位避免出现因为湿润

原因而引发皮肤发红发烂，可适
当使用。因为爽身粉的主要成
分是滑石粉，而滑石粉中含铅，
长期蓄积将影响婴儿的智力和
身体发育；爽身粉含有氧化镁、
硫酸镁，容易侵入呼吸道，如果
吸入量多，侵入支气管破坏气管
的纤毛运动，容易诱发呼吸道感
染；爽身粉剂容易吸水，吸水后

形成颗粒状物质，尿湿后，就会阻塞汗腺，导致摩擦发红，甚至产生
皮疹。所以，给婴儿使用爽身粉时应注意：

1. 离婴儿比较远的地方扑在自己的手上再涂抹到孩子身上，这
样就能够避免爽身粉出现乱飞情况。

2. 扑撒重点的地方，比方说臀部、颈部、腋窝以及腋下等。

3. 在使用粉扑的时候把褶皱的地方拉开来扑撒，而且，每一次
用爽身粉的量不需太多，并防止将粉扑在眼、耳、口中，如此可减少
危害。

八、洗澡时，外耳道不小心进了水，会导致中耳炎吗

中耳好比一个火柴盒，有六个壁，前壁是鼓膜，将外耳道和中
耳隔开，一般情况下，洗澡时外耳道进了一点水，只要鼓膜无异常，
水进不了中耳腔，不会引起中耳炎。如果婴儿洗澡时耳孔进了水，只
要用脱脂棉小心吸出就行。

九、宝宝生殖器的清洁

将宝宝卧在成人的左手臂上，头靠近成人的左胸前，用左手托

  新手妈妈你知道吗？

住新生儿的大腿和腹部，从前向后清洗会阴部，然后再清洗腹股沟处、臀部、双腿和双脚。注意清洗会阴部时应从前向后肛门方向清洗，洗男婴儿的外阴时，应将男婴的包皮轻轻上翻，用水洗去积垢，以防以后的包皮粘连；清洗女婴会阴时，应将大阴唇轻轻分开，用水冲洗其中的污垢，但不可用力擦洗，洗完后用毛巾擦干。

十、湿疹要涂药吗

湿疹对于婴儿来说是一种发病率很高的皮肤病，通常反复发作，且宝宝在患上湿疹之后，容易烦躁不安以及哭闹，影响到宝宝的睡眠和生长发育。因此，如果宝宝患了湿疹，家长们要在医生的指导下给宝宝涂抹一些药膏进行缓解和治疗。给宝宝清洗患处的时候，以温水为宜，水温不宜过高。宝宝的洗浴用品要使用温和无刺激的婴儿专用洗浴产品。

十一、怎样给宝宝穿衣服

很多刚刚晋级的妈妈爸爸往往很困惑，觉得宝宝很娇嫩，不知道怎样给宝宝穿衣服。给宝宝穿衣服，我们要注意些什么呢？

1. 判断宝宝的温度。爸爸妈妈可以用嘴唇紧贴宝宝的额头，嘴唇是恒温的，就可以判断出宝宝是不是发烧。最好用温度计测量。

2. 尽量在喂奶前或喂奶后 30 分钟穿衣，防止呕吐。

3. 穿衣服的顺序：先穿衣服，再穿裤子，动作轻柔。宝宝的头部比较重，颈部不能支撑，所以穿衣时要用手托起宝宝的头颈部。衣服尽量选择系带，露出宝宝的手，不要戴手套，以免影响宝宝触觉发育。袜子里面的线头比较多，宝宝的袜子最好翻过来穿，防止勒伤脚趾。

4. 不戴手套，以免影响触觉发育。

十二、宝宝哭闹怎么办

在宝宝刚出生的几个月内，解决其哭闹问题最好的办法是迅速回应。如果及时回应，宝宝就不会哭太久。回应宝宝的哭泣时，首先应解决他（她）最迫切的需求。如果他（她）又冷又饿，尿片也湿透了，应该先帮其保暖，再换尿布，然后喂奶。假如哭声听起来有点尖厉或惊恐，应考虑可能有衣物或其他东西让他（她）感觉不舒服或有头发缠住了手指或脚趾。

如果宝宝不冷、尿片干爽、肚子不饿，但还是哭个不停，可尝试下列安抚并找出宝宝最喜欢的一种：

1. 抱起宝宝，安抚，进行袋鼠式护理，使宝宝感到安全。

2. 轻轻抚摸宝宝的头部或拍打他（她）的后背以及前胸部。

3. 打个襁褓，用宝宝抱毯将他（她）舒舒服服地裹起来。

4. 唱歌或跟他（她）讲话、放轻柔音乐。

5. 抱起他（她）到处走动。

6. 发出有节奏的声音。

7. 给他（她）拍嗝，帮助排出肚子里的气。

8. 热水洗澡。

照护人的状态越放松，宝宝就越容易哄。如果有无法控制局势的感觉，应向其他家庭成员或朋友求助，换一张新面孔有时更容易让这个小家伙安静下来。谨记一点，绝对不能大力摇晃宝宝。大力摇晃宝宝可导致宝宝失明，大脑损伤，甚至死亡。此外，不要因为宝宝的哭闹有心理负担。宝宝哭闹是适应外界环境的方式之一。没有一个母亲可以保证每次都能哄好哭闹的宝宝，所以不要对自己要求过高。试着用现实可行的办法解决问题，寻求他人的一些帮助，好好休息，然后享受和宝宝一起的美好时刻。

十三、小屁屁如何护理

更换尿布的时间：排便后随时更换。喂奶后30分钟内尽量不更换尿裤，如需更换时不要将宝宝上半身提起过高，因为宝宝的胃呈水平位，如果把宝宝的下半身提得太高，可能导致奶全部涌出，甚至呛入气道，这是非常危险的。宝宝喜欢边吃边拉，吃的过程可以刺激宝宝的消化系统，如果不是特别脏，尽量在喂奶30分钟之后更换尿裤。

更换方法：选择舒适、大小合适的尿裤，根据宝宝的体重进行选择。首先要准备干净的尿裤及湿巾，用脏尿裤干净的部分将臀部初步抹净，污染面对内折、垫于患儿臀下，再将湿巾用温水浸润后抹净局部皮肤，撤去脏纸尿裤。涂护臀膏，更换干净尿裤。

尿裤粘贴松紧适宜，以能插入一指为宜，粘贴搭扣勿贴在尿裤边缘，以免搭扣外缘擦伤患儿皮肤。保持臀部清洁干爽，及时更换尿裤。避免用力擦拭臀部，可以使用护臀膏。换片时仔细观察患儿臀部皮肤情况，如有异常及时就医。

十四、宝宝经常吐奶正常吗

相信很多妈妈都有过这样的烦恼：经常是刚给宝宝喂完奶，才过了几分钟就"哇"的一下全吐掉了，吐得一身都是。妈妈是看在眼里，疼在心里，紧张得不知所措。为什么宝宝会频繁吐奶？又该怎样预防呢？

（一）造成宝宝吐奶的原因有很多，既有生理上的，也有病理原因：

1 宝宝消化系统发育不全。宝宝的喉部和胃部还没有发育成熟。婴幼儿（特别是新生儿）的食管肌肉张力较差，蠕动慢，食物容易淤积在此。小宝宝的胃与成人不同，容量小，而且是呈水平位的，再加上贲门收缩功能没有发育好，喉部位置又高，使得进入胃内的奶汁很容易返流回食道，造成吐奶。

2 喂养不当。宝宝吃奶时间不规律，一次性吃奶过多，奶太烫或者太凉，都会刺激宝宝的消化道做出反应，引起吐奶。有些宝妈为了方便，或是怕宝宝累着，习惯于让宝宝仰卧或侧卧喂奶，这种做法是错误的。由于宝宝胃结构的特殊性，无论是仰卧还是侧卧，都很容易造成奶水返流。喂完奶后直接将宝宝平放，或者过多地翻动宝宝，也容易引起吐奶。

3 咳嗽。宝宝有感冒咳嗽的情况，会使得呼吸频率加快，腹压升高，容易出现吐奶现象。

4 吸入空气。宝宝哭闹，吃奶过急，妈妈乳房出奶困难导致吸奶时间过长，这些都容易让宝宝吸入空气到胃内，引起腹胀，胃内压力升高，空气由胃内溢出，将奶带出而呕吐。

（二）宝宝经常吐奶时该如何护理

1 少量多次喂奶。减少每次喂奶量而增加次数，做到少量多次，是预防并改善宝宝吐奶状况的最有效措施。特别是在宝宝有咳嗽症状时，喂奶时应特别小心，在宝宝咳嗽或是准备咳嗽时，千万不要喂奶。除了少量多次外，还应注意宝宝呼吸和吞咽时的协调。

2 正确的哺乳姿势。最佳的喂奶姿势应该是把宝宝抱在怀中，宝宝身体倾斜45°并抬高头部。宝宝有烦躁哭闹现象时，应暂停喂奶，等平稳安静后再喂。不要让宝宝吃得太急，如果妈妈奶胀，奶水比较多，在喂奶前可先手工排出一些，以免在宝宝吸奶时呈喷射状态，让宝宝感到不舒服而吐奶。对于人工喂养的宝宝，奶温应适宜，不要过烫或过凉。奶嘴大小要合适，过小时宝宝会用更多的力气吸奶而吸

 新手妈妈你知道吗？

入空气；过大时宝宝容易呛到引起咳嗽。

3 喝完奶及时拍嗝。喝完奶后，不要急于将宝宝平放，因为此时胃里下部是奶，上部是空气，会造成胃部压力，出现溢奶、吐奶现象。正确的做法是，将宝宝直立抱起，趴在大人的肩膀上，将手掌拱起呈空心状态，轻轻拍打宝宝后背中上部，维持 5 分钟以上，以帮助宝宝排出胃内空气。

十五、怎样为宝宝做脐带护理

新生儿出生后脐带被结扎，但此时的脐部仍是一个开放的创面，如处理不当，轻者可导致局部感染和出血，严重者可导致新生儿败血症的发生而危及生命。对脐部进行恰当的护理，保持脐部清洁，对预防脐带感染非常重要。

脐部护理注意事项：

1. 脐带观察与护理应该每日一次，直至脐带脱落，脐带未脱落前勿强行剥离。

2. 消毒时充分暴露脐窝部，用 2 支 75% 酒精棉签，一次用一支由脐根部由内向外做环形消毒，擦净脐轮和脐残端。

3. 让脐带自然干燥，如脐轮有红肿，脐部有异常分泌物或渗血等情况，应及时就医，遵医嘱进行处理。

4. 穿好纸尿裤。

十六、宝宝乳腺肿大，需要挤乳吗

新生儿不论男女，在出生后 3 ~ 5 天内可能会出现乳房肿大，2 ~ 3 周就会自然消退，这是一种生理现象。挤压乳头易造成感染，侵入的细菌也会引发感染，重者还可以引起败血症。

第四节 健康监护与保健

一、该月龄的宝宝身高体重参考指标

新生儿出生时体重男孩约为 3.3 千克、女孩约为 3.2 千克，满月体重增加约 0.8 ~ 1.2 千克；新生儿出生时身长平均为 50 厘米，满月身长增加约 4 厘米；新生儿头围平均为 34 厘米，满月头围增加约 2 厘米。

二、宝宝的发育达标吗

新生儿出生时体重男孩约为 3.3 千克、女孩约为 3.2 千克。身长平均为 50 厘米，头围平均为 34 厘米，满月时的体重、身长、头围范围见下表。只要宝宝的体格发育在医学建议的正常范围内就可以了，特殊情况可以咨询儿童保健科医生。

表 2-1 新生儿参考指标

指标	男宝宝	女宝宝
体重（千克）	3.4 ~ 5.8	3.2 ~ 5.5
身长（厘米）	50.8 ~ 58.6	49.8 ~ 57.6
头围（厘米）	34.9 ~ 39.6	34.2 ~ 38.9

 新手妈妈你知道吗？

三、1个月的宝宝要接种哪些疫苗

如果宝宝的体格检查无异常，没有疫苗接种禁忌证，1个月的宝宝应该接种乙肝疫苗第二针。

四、新生儿听力筛查

新生儿听力筛查，是通过耳声发射、自动听性脑干反应和声阻抗等电生理学检测，在新生儿出生后自然睡眠或安静状态下进行的客观、快速和无创的检查。所有新生儿在出院前均应接受听力初筛，未通过初筛的应在出生42天内进行复筛。未通过复筛的婴幼儿，都应在3月龄接受听力学和医学评估，在6月龄内确定是否存在先天性或永久性听力损失，以便实施干预。

五、两侧大腿纹和臀纹不对称要就医检查吗

两侧大腿纹和臀纹不对称可能提示单侧髋关节脱位。这是一种发育性髋关节脱位，可以请儿科医生或骨科医生进行检查。婴儿仰卧位，观察双下肢是否等长，不等长表示可能存在单侧髋关节脱位。平卧位屈髋屈膝两足放床上，单侧髋关节脱位双膝高低不等，可通过做B超检查进一步确诊。

六、宝宝口腔内有白色奶瓣样东西怎么办

在新生儿口腔有时能看见白点分布在两侧颊黏膜和牙龈上，也

可长在舌面和唇黏膜上，轻则散在白点，重则融合成片像奶瓣。这是一种真菌感染所致的口腔炎症性疾病，俗称鹅口疮。可以用碳酸氢钠清洗口腔，或用冰硼散涂抹患处。注意宝宝的生活卫生，奶嘴奶瓶定时蒸煮清洗。

七、什么是生理性黄疸、生理性体重下降、马牙、螳螂嘴、假月经

（一）生理性黄疸

宝宝出生后不久皮肤及巩膜轻度黄染，一般都是出现了黄疸，是由于胆红素代谢特点引起的暂时性黄疸。足月新生宝宝出生后 2～3 天出现，4～5 天时黄疸颜色最深，5～7 天时逐渐消退，最迟不超过 2 周；早产宝宝多在出生后 3～5 天出现黄疸，5～7 天时颜色最深，7～9 天时逐渐消退，黄疸最长可以延迟到 3～4 周才消退。在生理性黄疸期间，宝宝一般情况良好，无需特殊治疗。如果黄疸增加超过正常范围或持续时间过长，则可能是病理性黄疸，这时爸爸妈妈就要尽早带宝宝到医院就诊、治疗。另外，爸爸妈妈可以在医生的指导下给宝宝吃益生菌，因为益生菌能够促进肠道菌群的建立，通过还原胆红素和降低肠道 PH 值，促进胎粪排泄等途径，起到减少胆红素的重吸收、缓解新生儿黄疸的作用。

（二）生理性体重下降

宝宝出生后的第一周内，往往都会出现体重下降，到第 3～4 天体重下降至最低点，于是很多新手爸妈担心自己的宝宝是不是生病了或有什么问题。其实，这是一种正常的生理性体重下降。原因是宝宝出生后由于胎粪的排出、胎脂的吸收及丧失了一些水分，加上新生儿吸吮能力弱、吃奶少，出现暂时性的体重下降。后续随着摄入奶量的增加及对外界环境逐渐适应，体重将很快恢复，一般至出生后第

7～10日将恢复到出生时的体重。但爸爸妈妈也要留心宝宝的状态，如果宝宝体重下降超过出生体重的10%，或在出生后第10天仍未恢复到出生时的体重，爸爸妈妈应及时带宝宝就医以查明原因并尽早治疗。

（三）马牙、螳螂嘴

马牙，医学上叫作上皮珠，一些新生儿出生后，在口腔的上腭中线的位置和牙龈部位会有黄白色米粒大小的小颗粒，这主要是由上皮细胞堆积或黏液腺分泌物堆积形成的，俗称"马牙"。马牙不会影响宝宝的生长发育，宝宝也不会有任何的不舒服表现，其会由于进食、吸食奶水的摩擦而自行脱落，一般能自行吸收消失，不需要治疗。

螳螂嘴，是指刚出生的新生儿，口腔的两侧颊部有一个较厚的隆起的脂肪垫，在医学上叫作吸奶垫，是新生儿为了适应吸奶的需要而存在的。宝宝在吮吸妈妈的乳汁时，口腔黏膜下脂肪组织的隆起会使口腔内的负压增大，便于乳汁流出，帮助宝宝有力地吮吸。这种吃奶垫，随着母乳喂养结束，会随着婴儿的饮食从乳汁、粥到软饭等的改变而逐渐消失。所以，不需要治疗。

（四）假月经

少数女婴出生后5～7天会从阴道流出少量的血液，类似月经，一般持续1～3天后停止。没有其他部位出血，无其他伴随症状，这种情况称为假月经。属于新生儿的一种生理现象，家长们不用太担心。产生这种现象的原因，是怀孕期母体雌激素进入胎儿体内，引起阴道上皮和子宫内膜的增生。出生后，母体雌激素影响突然中断，增生的阴道上皮和子宫内膜就会脱落，出现少量的阴道流血情况。建议在阴道流血期间保持局部清洁，每天用温热的清水清洗外阴两次，避免感染发生。

八、宝宝黄疸需要吃药吗

新生儿黄疸指宝宝出生28天内，由于胆红素代谢异常，引起血中胆红素水平升高，进而导致宝宝出现皮肤黏膜、巩膜黄染的病症，是新生儿较为常见的临床问题。家长在护理黄疸宝宝时要注意以下几点：

1. 促进胎便排出。妈妈应勤喂母乳，按需哺乳，增加宝宝循环排泄，从而促进退黄。胎便里含有较多胆黄素，如果胎便不排干净，胆黄素就会经过新生儿特殊的肝肠循环重新被吸收到血液里，导致宝宝血液胆红素升高。胎便是否排干净主要看大便是否从墨绿色转变为黄色。

2. 给新生儿充足的水分。一般正常的新生儿一天小便6～8次。如果宝宝小便次数不足，可能是因为液体摄入不够。而小便过少不利于胆黄素的排出。

3. 多晒太阳。晒太阳有利于新生儿黄疸尽早退去。家长需要注意的是，不要让太阳直射宝宝眼睛，且晒太阳期间注意为宝宝补充水分。

4. 黄疸宝宝出院后的复诊。出院后家长还要注意观察宝宝的全身症状，例如有无精神反应差、食欲不振、拒乳等情况，且要注意及时复诊，测量宝宝的黄疸值。

九、新生儿头颅为什么会有肿块

生产时由于产道挤压，造成新生儿头颅出现肿块。常见的有2种：

（一）产瘤

新生儿头顶左侧或右侧，或后方有瘤样隆起，即为产瘤。在分娩过程中，当胎头抵达母体骨盆底时，胎头受压颅骨互相重叠逐渐变形，其中在胎头最前面的部分受压最大，局部的血液循环受影响，发生充血水肿，形成产瘤。产瘤一般在出生后 1 ~ 2 天自行消失，不会影响婴儿智力，无需处理。

（二）头颅血肿

头颅血肿属新生儿产时损伤性出血，为胎儿头颅在产道受压、牵拉、器械助产等所致。多见于头颅顶部，血肿边缘清楚，周界不超过骨缝，局部头皮正常，波动感明显。多在出生后数小时或 2 ~ 3 天才明显，1 周内达最大范围，以后渐吸收缩小，因大小不同可在 2 周至 3 个月左右消退。因头颅血肿多可自行吸收，无需特殊治疗。出血较多引起贫血时可适量输血；引起高胆红素血症时需进行光疗。若 2 个月后头颅血肿仍巨大，可抽吸后加压包扎，或手术清除。

十、如何补充维生素 D

维生素 D 参与体内的钙磷代谢，帮助钙沉积到骨骼的生长部位，能促进骨骼正常生长。婴儿处于快速生长发育期，对维生素 D 的需求量相对较大。母乳和牛奶中含钙丰富，但含维生素 D 很少，不能满足宝宝的需要量，因此需要额外补充维生素 D。纯母乳喂养的婴儿可于出生后数日开始每天补充维生素 D 400 单位，早产儿需要每天补充 800 ~ 1000 单位。

此外，给宝宝晒太阳能够促进维生素 D 的合成。维生素 D 主要是由日光照射皮肤转化而来，婴幼儿所需维生素 D 较多，如果户外活动不足，很容易发生维生素 D 缺乏性佝偻病。除此之外，晒太阳还能促进宝宝的新陈代谢，增强机体抗病能力。

十一、体位性扁头综合征的预防

正常宝宝的头型从头顶看是一个不规则的椭圆形，后脑勺略大，前额略小，两侧基本对称。由于各种原因有些宝宝的颅骨各个部分发育有差别，导致头型变得扁平或者不对称，称为"扁头综合征"。

"扁头综合征"主要有两种，一种是扁头，就是把后脑勺睡得平平的；还有一种就是斜头也叫偏头，会造成宝宝的脸型不对称，影响美观和神经、智力发育。

对于扁头综合征，最好的方法就是预防它的发生。措施如下：

1. 经常变换宝宝的睡姿。宝宝前 3 个月是塑头型的关键时期。从宝宝出生的第一天起，家长们就应该经常给宝宝变换睡姿睡觉，以保持宝宝头部两侧受力均匀。

2. 醒着时候趴着玩。趴着玩不仅可以预防扁头综合征，还能帮助宝宝锻炼头部、颈部、肩部的肌肉。

3. 改变宝宝注视的方向。比如宝宝喜欢面向妈妈，可以通过改变你和宝宝的左右位置，来改变宝宝仰睡时的头部朝向。如果宝宝有喜欢的玩具，比如床铃等也可以试着改变他们的悬挂位置，来改变宝宝注视的方向。

正常　　　　　　　斜头　　　　　　　扁头

第五节　回应性照顾

一、新生儿有情绪吗

很多人以为小婴儿只是吃饱喝足这么简单，其实小宝宝来到人间，就有着作为人的种种心理活动，他们也需要充分的温暖和满满的安全感。事实上，宝宝的大脑控制情感的部分可不是那么简单的，它比单纯的随意反应要复杂得多。

那么作为父母的你真的懂得宝宝的情感吗？

婴儿其实是有情感的，婴儿的情感一出生就会用哭声表达，细心的妈妈也可以通过婴儿的不同哭声来了解其各种需求。婴儿的情感对他（她）的生长发育有很多作用，比如积极的情感和情绪体验可以激发婴幼儿的社会心理活动；其次，情感和情绪也是婴儿传递信息的一个重要手段；再者，还能促进婴幼儿的自我意识形成和个性的形成；同时，还可以推动婴幼儿的认知和智力的发育。婴儿的情感发育与婴儿的情绪能力、气质类型和安全依恋是分不开的。刚刚出生的宝宝可以表现出满足、厌恶、痛苦、好奇这些情绪，这都与他的生理需求是否得到满足有关。

在面对宝宝的情绪时，父母要善于观察宝宝的情绪反应，对宝宝的情绪反应给予积极反馈，喂奶的过程中伴随着妈妈的拥抱、抚摸和注视。

二、该月龄宝宝一哭就要抱吗

对于很小的宝宝来说，哭具有重要意义。小宝宝不会用语言表达需求，主要是通过哭与成人进行交流，以满足自己的需求，更好地适应外界的环境。很小的宝宝通过哭"说"出自己的寒冷、饥饿、疼痛等，也可能是通过哭来吸引成人与他（她）接近，给他（她）爱抚，帮助他（她）解决问题。如果这个时候，父母对宝宝的哭声置之不理，宝宝就会哭得更凶，父母再没有反应，宝宝就会对父母失望，甚至失去基本的信任感，在情感上表现得淡漠。这个时候宝宝的哭是有原因的，父母一定要了解宝宝的需求，及时、准确地给予恰当的处理。

三、什么是新生儿抚触，有什么好处

新生儿抚触就是新生儿按摩。指用双手对宝宝的皮肤和身体各个部位进行有秩序的、有手法技巧的按摩、抚摸，产生大量温和刺激，通过皮肤感受器传到宝宝中枢神经系统，产生神奇的生理效应。研究数据表明，抚触对宝宝身心全面发展有促进作用。抚触通过妈妈与宝宝肌肤的亲密接触，不仅可以增强亲子间的亲密度，还能给宝宝增加安全感，从而产生愉悦的心情。

（一）抚触通过皮肤这一最大的感受器官传递正向刺激促进神经系统发育和智能发育。

（二）抚触可以使宝宝安静平和，对入睡困难、易惊醒的宝宝

有良好帮助，也利于宝宝建立良好的睡眠规律。

（三）抚触可以促进宝宝胃肠蠕动，增进食物消化吸收，改善腹泻、腹胀以及便秘等消化不良的问题，促进宝宝生长发育。

（四）妈妈给宝宝做抚触，应选择在温暖安静的环境，两次喂奶之间进行，每次抚触大约 10 ~ 15 分钟即可。

四、什么是袋鼠式护理，有什么好处

袋鼠式护理，是指早产儿的母（父）亲，以类似袋鼠、无尾熊等有袋动物照顾幼儿的方式，将早产儿直立式地贴在母（父）亲的胸口，提供他（她）所需的温暖及安全感。袋鼠式护理也同样适用于足月宝宝，是建立早期亲子关系的一大法宝。

在进行此照护方式时，早产儿可以听着母（父）亲的说话及心跳声，伴随着呼吸时的缓慢韵律性摇晃，让他（她）感觉处在类似子宫的环境；而母（父）亲的抱持，提供了早产儿包围感及安全感；此时更能让早产儿暂时远离医疗仪器的刺激。

1. 可以帮助宝宝的安静睡眠时间较长，有助于宝宝生长激素的分泌。

2. 可稳定心跳、呼吸及血氧浓度。

3. 借由肌肤的接触减少体热及水分散失。

4. 能量的保存有助体重的增加。

5. 警觉清醒时间长，可以增加亲子互动。

6. 提升母乳哺喂概率及成功率。

7. 减少躁动不安及哭泣。

8. 增加父母的自信度。

9. 增加早产儿提早出院的可能。

第六节　早期学习

一、该月龄宝宝语言启蒙

刚出生不久的宝宝，哭是他（她）最主要的沟通方式，宝宝开始识别自己熟悉的声音。再长大一点点，他们对爸爸妈妈的微笑和说话声，有时候会用发声来回应。

二、该月龄宝宝视力训练

宝宝刚出生时，就对外界有视觉反应，但刚形成的物像是模糊的，并且没有色彩视觉。所以，宝宝能感觉到眼前的物体，如妈妈的脸、眼前的物品。但是，尚不能对物体有很好的追随运动。宝宝满月后，已开始具有初级的注视与两眼固视能力，不过无法持续太久，眼球容易失去协调。这期间，大多数婴儿的视觉可以慢慢地发育，并平稳地"跟随"运动的物体。不同时期，宝宝能感知到的色彩也各不相同。0 ~ 4 个月是视觉发育的黑白期，这段时间，宝宝看到的只是黑白两种颜色，而且视物距离只有 20 ~ 30 厘米。由于宝宝出生后首先看到的是妈妈的乳房，所以对靶心图像比较敏感。我们可以拿一些类似靶心的黑白玩具，在宝宝眼前来回晃动，以增强他（她）对黑白色调的敏感度。

第七节 安全

一、如何保证宝宝的安全

（一）居家安全

建议婴幼儿单独睡婴儿床，拉上安全护栏；睡眠时尽量仰卧，以减少"婴儿猝死综合征"的风险。给宝宝沐浴时，注意调整合适的水温，以免引起烫伤。

（二）食品安全

避免呛奶。宝宝吐奶时让其侧卧或俯卧头低位并给其拍背，避免奶水引起的窒息。夜间喂奶时，妈妈要保持清醒，避免溢奶或呛奶引起的窒息。

（三）外出安全

该月龄宝宝尽量减少外出，防止交叉感染。

（四）心理安全

妈妈应敏感了解婴幼儿需求，及时给予适当的回应，使婴幼儿与照护者建立安全的依恋关系。

第四章

2~12个月

第一节　营养照护

一、如何判断宝宝是否需要使用配方奶、需要唤醒宝宝喂奶

一般母乳充足，能够坚持 2 小时喂奶一次，宝宝吃饱后就会安静入睡 1 ~ 2 小时，醒后精神愉快。每天大便 2 ~ 4 次，呈糊状或成型软便，每天有 6 ~ 8 次小便，身高体重稳定增长。如果这些条件没有达到，有可能母乳存在不足情况，建议适量添加配方奶粉。

需要唤醒宝宝喂奶吗？

1.健康足月的宝宝，如果是产后 2 周内或在母乳喂养没有建立好之前，只要宝宝发出喂养信号，或是距离上一次哺乳时间（白天为 2 ~ 3 小时，夜间为 4 小时），应唤醒睡眠中的宝宝哺乳。那么，婴儿饥饿时会发生哪些行为变化呢？妈妈如何观察宝宝的喂养信号？早期信号：身体有活动，把手放到嘴边，张嘴，咂嘴，出现觅食动作。中期表现：四肢伸展，身体活动增加，吸吮拳头或手指。晚期表现：易激怒、激动，四肢摆动，持续哭闹，面色通红。整个过程可长达 45 分钟。建议应在婴儿出现早期喂养信号时进行喂养。

2.产后超过 2 ~ 4 周并且母乳喂养良好的宝宝，需要评估每天吃奶次数、每次吃奶的时间、大便、尿量、体重增长等情况，如果都

在正常范围内，夜间可以不唤醒宝宝喂奶。如果妈妈涨奶严重，觉得挤奶太麻烦，也可以把宝宝叫起来吃奶，当然前提是宝宝被叫醒以后也愿意吃奶。

二、宝宝需要补钙吗

钙是骨骼和牙齿的主要成分，协助凝血、支持神经和肌肉功能。维生素 D 是钙被骨骼吸收利用的重要调节因子，人体对钙的吸收利用率受维生素 D 的影响。

一般说 1 岁以内的宝宝每日需要钙为 500 毫克，1 岁以上逐渐增多，3 岁以后达 1200 毫克，与成人相似。母乳及配方奶是婴儿首选的补钙食品。较大的宝宝每天吃 300 毫升左右的奶，加上蔬菜、水果、豆制品或鱼肉，就可以满足生长发育的需要，可适当晒太阳和补充维生素 D。一般情况下不需要额外补钙，除非在特殊情况下，如患佝偻病、结核病、用激素类药物治疗等需用钙制剂补充，此时应在医生指导下服用。

三、何时开始添加辅食，过早和过晚添加辅食的危害

世界卫生组织喂养建议：婴儿出生后最初 6 个月内应纯母乳喂养；婴儿 6 个月后应及时添加辅食，在添加辅食的基础上继续母乳喂养至 2 岁。不到 4 月龄，辅食添加过早，易诱发过敏及消化道疾病；超过 6 月龄，添加过迟，易导致营养不良及饮食行为问题。

四、辅食添加的原则和注意事项

（一）辅食添加的原则

一种到多种，从强化铁的米糊开始，菜泥、果泥，再至肉泥、鸡蛋、鱼泥，1～2 周再添加新食品。

2 少量到多量，开始是 1 勺米糊，以后 2～3 勺，再至 1 杯、1 碗。

3 从稀到稠，流质到半固定再到固体。

4 从细到粗，由果泥、菜泥转变成碎菜、肉泥。

5 1 岁以内不加盐、糖；1 岁以上单独制作，少盐、糖，饮食清淡。

（二）辅食添加的注意事项

1 添加辅食要注意宝宝的安全，有条件的家庭建议给宝宝准备安全系数高的餐桌椅，或者给宝宝准备低矮的餐桌椅。

2 在添加辅食之后要注意宝宝排便情况，很多宝宝在添加辅食之后会出现大便性状的变化，一些宝宝会出现腹泻，大多数宝宝会出现便秘。出现便秘，不用着急，可以考虑给宝宝调整辅食，添加一些根茎类食物，比如红薯、山药、土豆等，或含纤维素多的食物，比如青菜叶、木耳等。

3 宝宝辅食的添加还要注意：食材新鲜、干净卫生、尝试多次、巧变花样。

五、3～4 个月，开始培养宝宝规律的喂养习惯

宝宝刚出生的前几周，也就是前两个月的时间，我们建议妈妈们按需喂养。也就是孩子想吃就喂。因为在这一阶段，孩子很小，胃容量也很小，最初每次只吃几毫升的奶，消化快也容易饿。吃得频繁、昼夜不分都是小宝贝的常态，妈妈们这时候也是最疲惫的，但是宝宝想要吃的时候就给吧！吃奶看宝宝不看钟表，说的就是这时候频繁吃奶的宝宝。宝宝高频率地吸吮（每天能有 12 次之多），能促进妈妈分泌更多的乳汁来满足宝宝的需求，同时为后面从"尺寸奶到吃顿奶"的转变做准备。

宝宝从两个多月或者三个月开始，他（她）的各种行为习惯也慢慢的有了规律，而吃奶，就是最显著的：宝宝吃得多了！这时候我们可以适当拉长孩子吃奶的间隔时间，每天吃奶在 8 次左右，晚上的夜奶尽量减少，有的宝宝晚上睡觉能达到 5 小时以上，妈妈也会变得很轻松。睡得好、吃得好的宝宝，身体发育也会棒棒的。

具体来说：对于 1 ～ 2 个月的宝宝，可以让他（她）想吃多少就吃多少，想什么时候吃就什么时候喂他（她）。3 ～ 4 个月，喂奶间隔可以适当加长一些。每隔四小时一次，一天 5 ～ 6 次，只要有规律就好。为了添加辅食做准备，可以帮宝宝开始练习使用勺子了。5 ～ 6 个月，宝宝肠的消化能力和嘴的运动都得到加强，该开始添加辅食了。把喂奶当中的一次设定为辅食时间，尽量保证每天在同一时间进行。7 ～ 8 个月，喂奶时间当中的两次可以改成辅食了。开始的时候，在第一次辅食之后 3 ～ 4 小时再给宝宝吃第二次辅食。时间固定后，尽量每天在同一时间给宝宝吃辅食。9 ～ 12 个月，一天三餐中的两餐可以和之前一样进行，逐渐再把一次喂奶的时间改成辅食。辅食之间的间隔要有 3 ～ 4 小时，吃饭时间一定要保证固定。最好其中一次和大人一起吃。

六、养成良好的进餐习惯

鼓励积极地顺应喂养：顺应喂养帮助婴儿关注食物和进食过程，建立良好的进餐环境、减少干扰。具体的做法包括，与家人共同进餐、婴儿专用餐椅和餐具、关闭电视和收音机、远离玩具。此外婴儿进食时，家长用眼神、微笑、鼓励的言语等给予正面的信息，避免消极的言语和行为，不要过度关注婴儿拒食、强迫婴儿吃不喜欢的食物或者用食物作为奖励或者惩罚。

七、要不要添加调味剂

成人食物往往添加较多调味剂。宝宝太早吃调味品，一是可能刺激宝宝味觉影响吃奶粉和母乳，二是会导致以后口味过重，容易使宝宝养成嗜咸或嗜甜的习惯，三是调味品加重肾脏负担，增加日后患心血管等疾病的机率。天然清淡的食物才是宝宝真正的美食。调味剂添加建议：

盐：1岁以内宝宝对钠的需求量小于1克，完全能从奶类或其他辅食中摄入，1岁以上的宝宝可添加少量盐用以调味。

糖：尽量给宝宝选择含糖量较低的食物，糖只能提供热量，不能补充其他营养素。

油：6个月前，宝宝从母乳或配方奶中可以摄入足够所需的脂肪，随着对脂肪需求量增大，6个月后每餐可添加1~2滴植物油，不要添加动物油，不利于消化，易引起拉肚子。

八、如何判断宝宝吃饱了

新生儿出生后7~10天内体重应恢复至出生体重，此后体重持续增加，满月增长600克及以上。

新生宝宝的排尿和排便情况良好，说明宝宝摄入了足够的母乳。婴儿每日排尿6次以上，尿色清。出生后每天排胎便多次，3~4天后大便颜色从墨绿色胎便逐渐变为棕色或黄色。

吃奶后宝宝自己放开乳房，表情满足且有睡意，表明乳汁充足。

喂哺前妈妈的乳房饱满，喂哺后变软，说明宝宝吃到了母乳。如果喂哺过程中乳房一直充盈饱满，说明婴儿没有有效地吸吮。

如果妈妈在一侧乳房上喂哺时间过短（少于15分钟），就将乳头从宝宝口中拔出或换另一侧乳房，均可能导致宝宝不能得到充足的后奶，宝宝会处于频繁饥饿的状态或者体重增长欠佳。

新手妈妈你知道吗？

九、如何判断宝宝营养不良

（一）营养素

我们的身体中有七大营养素，其中三大营养素是产热能的——蛋白质、脂肪、碳水化合物。4大不产热能的营养素为：维生素、微量元素、水、膳食纤维。这些营养素都是身体必需的。如果食物中长期缺乏蛋白质和热能，会导致孩子生长的动能不足而营养不良。具体体现在体重不增、身高偏矮、食欲不佳、面色苍白、毛发稀疏、抵抗力低等。

（二）营养不良有哪些危害

如果蛋白质缺乏，会造成体重不增、身高增长缓慢。长期的营养不良，孩子会变得性格暴躁、消化不良、食欲不振、抵抗力下降、注意力分散等。

（三）营养不良，父母如何提早发现呢

体检时，爸爸妈妈可以通过孩子的身高体重趋势来发现是否营养不良，如果出现生长曲线平坦甚至下降，需带宝宝去医院检查一下具体原因。

（四）如何防止宝宝营养不良

0～6个月纯母乳喂养的宝宝，在未添加辅食，母乳充足的情况下，可以不用喂水。混合喂养的宝宝在两餐奶之间，可以适量地喂一些水。6～12个月宝宝，已经添加辅食，在奶量达到600～800毫升的基础上，根据月龄，可以每天添加1～2次辅食。1岁以上宝宝，以主食为主，一日保证三顿主食、一个鸡蛋、500毫升奶。

十、如何判断宝宝肥胖

正常情况下，随着宝宝年龄增长，体重增长会逐渐减慢。比如，宝宝出生后前3个月，体重增加可以达到每个月1千克；而4～6

个月的宝宝体重增加约每个月 0.5 千克；而 6 个月至 2 岁的宝宝体重增加大约每个月 0.2 千克；而 2 ~ 3 岁的宝宝体重一共增加约 2 千克。因此定期测量体重和身高，对早期发现宝宝超重和肥胖非常有效。

（一）体重测量法

1 ~ 6 个月　标准体重（克）= 出生体重（克）+ 月龄 ×600

7 ~ 12 个月　标准体重（克）= 出生体重（克）+6×600+（月龄 -6）×500

1 ~ 2 岁　标准体重（千克）= 年龄（岁）×2+8

计算标准体重的一般公式：标准体重（千克）= 身高（厘米）-105

具体而言，儿童的体重超过身高标准体重的 10% ~ 19% 为超重，超过 20% ~ 29% 为轻度肥胖，超过 30%~49% 为中度肥胖，超过 50% 为重度肥胖。

对大多数宝宝来说，吃得太多，动得太少是造成超重和肥胖的主要原因。此外，遗传因素、某些内分泌性疾病等也与肥胖发生相关。

（二）肥胖对宝宝有哪些不良影响

有证据表明，宝宝婴儿期体重增加过快会造成儿童期的 I 型糖尿病，增加成年期糖尿病、心血管疾病、肿瘤等患病概率。因此，对于宝宝的超重和肥胖，妈妈不能掉以轻心。

（三）怎样控制宝宝体重

最有效措施就是改变宝宝的饮食习惯和增加运动量。

首先，改变饮食习惯而不是单纯限制饮食。宝宝处于生长发育过程中，对各种营养素的需求量大，需要通过饮食获得足够的营养素，不能单纯限制饮食。对于小宝宝来说，吃什么、吃多少还是控制在妈妈手里，妈妈喂养时要避免以下情况：千方百计让宝宝喝完奶瓶中最后一滴奶；想方设法让宝宝吃完所有的饭菜；在配方奶中加米粉或蛋黄；为了让宝宝多吃几口，允许边玩边吃；用巧克力、糖果等作为宝宝吃饭的奖励；给宝宝喝大量的果汁、饮料等等。以上这些错误的喂养方法都可能造成宝宝超重和肥胖。

其次，增加运动量，培养宝宝的运动习惯。爸爸妈妈与宝宝多亲子互动，让胖宝宝动起来，把多余的热量消耗掉，这样既能控制体重增长，又能保证宝宝大脑等重要器官的营养供应，是最安全有效的控制宝宝体重的方法。

十一、上班后如何保持母乳喂养

上班的妈妈可于上班前挤出乳汁存放于冰箱内，婴儿需要时由其他人喂哺，工作日一般需要每隔3~4小时挤奶一次，时长15~20分钟，可以利用休息时间进行，挤出的母乳放冰箱冷藏，准备冰包带回家，下班后及节假日坚持自己喂养。

十二、断奶的时机

断奶是每个宝宝和妈妈都必须经历的阶段，因为到了一定的时候母乳已经无法满足宝宝的生长需求了，这个时候就得添加辅食，慢慢开始断奶。在现实生活中妈妈会由于工作或生活等原因，不得不在宝宝还没有做好准备的时候就给宝宝断奶，那如何断奶才能让宝宝自然过渡呢？

1. 当宝宝的辅食和牛奶吃得好，三餐饭菜提供的热量占全部热量的2/3时，这时候就具备了断母乳的条件了。

2. 断母乳最好要选择春、秋季节，孩子身体健康的时候，不容易生病。

3. 纠正生活中关于断奶的错误观念：

1 断奶越早越容易，越大越不容易断；

2 6个月以后的母乳就没有营养了，可以断奶了；

3 孩子出牙后爱咬乳头很痛，所以不想喂了。

所以，妈妈们要树立科学的喂养观念，给宝宝最好的呵护。

十三、断奶的方法

妈妈由于工作或者其他原因，不得不在宝宝还没有准备好断奶的阶段给孩子断掉母乳，实为一种巨大的资源浪费。

正确的断奶方式是有计划的、循序渐进的。循序渐进的断奶就是用配方奶替代母乳，这样母亲乳汁的分泌量会逐渐减少，也较少产生涨奶的不适。每隔2~3天用配方奶替代一次母乳，过了大约2周后，宝宝就逐渐过渡到每天只吃1~2次母乳。

自然断奶是最常见的断奶方式，对于2岁左右的宝宝来说已经懂得等待的含义了，可以采取推迟喂奶的手段来避免喂奶，更大一些的宝宝可以采取商量的办法来说服他放弃吃奶。断奶的过程中，妈妈要注意：

1. 允许每个宝宝按照自身独特的规律来成长，根据自己的时间表来断奶。

2. 不要主动喂，但也不要拒绝，孩子要吃就给他（她）吃。

3. 没有要求就不要主动喂母乳，但妈妈要让宝宝确信他依然是被爱着的。

4. 爸爸的作用是不可忽视的，当宝宝哭闹的时候，由爸爸出面协调，宝宝会比较容易听从。

5. 断奶期间建议宝宝和奶奶同屋不同床睡觉，这样宝宝就不会因为闻到妈妈身上的气味而引起吃母乳的欲望，也可以缓解与妈妈分离的焦虑。

6. 要让宝宝学会用杯子喝水和果汁，自己用小勺吃东西，锻炼宝宝的独立生活能力。

7. 在断奶前，先习惯相应阶段的配方奶，让宝宝能够接受配方奶，为宝宝断母乳后能够由配方奶来代替母乳的营养打下好的基础。

8. 家长要意识到宝宝不良的饮食习惯是由断奶的方式不当引起的，可不是宝宝的过错。

第二节　睡眠照护

一、什么是睡眠

睡眠是休息，是人体生命的重要生理过程。睡眠是儿童早期发育中脑的基本活动，越是在生命的早期所需睡眠时间越长。新生儿每天需要 16 ~ 20 小时的睡眠。一个两岁的小儿已经睡了 9500 小时（约 13 个月），而清醒的时间才 8000 小时。

二、如何培养宝宝良好的睡眠习惯

帮助宝宝建立睡眠规律。睡眠训练的关键在于建立睡眠规律，这从宝宝出生后 4 周就可以适当引导，3 ~ 4 个月正式开始。睡眠规律的建立不会一蹴而就，需要坚持，一般需要 3 天 ~ 2 周才有成果。尽量早期发现宝宝的疲劳信号，如揉眼、抓耳朵等，那么以后争取在出现这些状况前 0.5 ~ 1 小时，开始进入睡眠程序，争取晚上七八点能入睡。睡眠程序包括洗澡、抚触、换睡衣、喂奶、换尿布、讲故事、听音乐、将宝宝放到小床上告诉宝宝该睡觉啦。整个过程要宁静，避免过度兴奋。

睡眠环境要适宜，宝宝最好单独睡在自己的小床上，被、褥、枕套要干净、舒适，应与季节相符。如果在夜间，房间不要太黑也不要太亮，切忌通宵开灯。室内温度以18℃～25℃为宜，不要过冷或者过热。同时，大人尽量避免高声谈笑，保持室内安静。

三、常见的不良睡眠问题及解决办法

（一）入睡困难

很多宝宝天生入睡难。好像故意和爸妈作对似的，你越哄他（她）反而越精神，大人已经呵欠连天了，宝宝眼睛还睁得大大的，妈妈们真是筋疲力尽却又无可奈何。哄宝宝入睡，为何这么难？主要在于：没有养成良好的睡眠习惯、缺乏好的睡眠环境、缺乏安全感。4个办法哄宝宝入睡：

1 正确应对宝宝的哭闹和要求。要培养宝宝独立入睡的好习惯，让他（她）能在舒适安静的环境下独自入睡。如果宝宝在想睡觉时，因得不到妈妈的拥抱而情绪烦躁，甚至大哭大闹，妈妈可以在宝宝身边，轻声哄一哄宝宝，妈妈的身体和气味能使宝宝感到安全，当宝宝有睡意时，轻轻地将宝宝放在小床上，任其自然入睡。如果宝宝在睡觉中醒来而哭泣，妈妈不要立即冲过去，尽量让宝宝自己重新调整进入梦乡。妈妈不能宝宝一哭就忍不住抱起来，要判断宝宝的需求是什么：饿了？该换尿布了？还是单纯寻求安慰？再有针对性去满足他的需求。

2 营造一个适宜的睡眠环境。尽量降低房间灯光的亮度，保证室内空气清新，床上不放玩具等能使宝宝兴奋的东西。在睡觉前，妈妈可以和宝宝玩一下，但要避免剧烈活动和强烈刺激，玩完之后，还要给时间让他平静下来。到了睡眠时间，要关电视、熄灯、轻声细语，还可以放些轻柔的音乐或催眠曲，让宝宝相信大家都要休息了，该睡觉了。

3 固定一套睡前仪式。让宝宝每天都有固定的睡眠程序，会让宝宝更有安全感。一些睡前固定的活动，可以培养宝宝睡觉的情绪，起到催眠的作用，是促使宝宝容易入睡的好办法。妈妈可以每天固定时间让宝宝睡觉，逐步让宝宝了解和掌握睡觉前的常规事情，如洗澡、喝奶、唱摇篮曲、互道晚安等，以此作为一种信号，暗示宝宝即将入睡了。

4 睡前和宝宝"沟通"一下。在把宝宝放到小床上单独入睡前，妈妈可和宝宝"沟通"一下，不要觉得宝宝还小什么都不懂。妈妈可以告诉宝宝："宝宝小要睡小床，妈妈要睡大床，但是妈妈就在不远的地方，要是宝宝饿了或者尿湿了，妈妈会马上过来的。"如果宝宝的确入睡困难，通常让其适当地哭泣可以帮助他尽早入睡。

（二）易醒

宝宝明明在妈妈怀抱里睡着，可是一放下就会哭闹惊醒。这是因为成年人入睡后会直接进入安静睡眠，婴儿需要 20 分钟才能进入安静睡眠。有些婴儿睡眠过程中醒来哭两声，并不是真的醒了，而是睡眠过程的转换，哭一会儿就会再次进入睡眠。这个时候家长不必过于紧张，把孩子抱起来喂奶或者哄拍，这样不仅不利于培养婴儿正常的睡眠，而且把自己也折腾得特别累。

（三）夜哭

习惯性的夜哭在婴儿的每个月龄中都会发生，有的宝宝早在出生后二三周就开始了。宝宝夜里一哭起来就没完，有的甚至持续 1 ~ 2 小时。哭的时候，面部涨红，非常用力，给人的感觉好像什么地方特别痛。大部分宝宝只要抱起来轻轻摇晃一下就会停止哭泣，可有的宝宝即使抱起来也会哭个不停。可能的原因在于：当肠道充气而阻碍了肠道的通畅时，宝宝会非常难受，这时如果进行灌肠宝宝就会停止哭泣。吃奶很多、体重比较重的宝宝有时夜里也会哭泣，这种哭就不是由于饥饿引起的。解决夜哭的方法有很多，首先父母应坚信夜哭是可以消除的，另外白天散步，喝牛奶不要吸进气，夏季避免过热，冬季避免过凉，母乳喂养时母亲停止喝牛奶等，都可以改变夜哭。

四、宝宝睡眠姿势的选择

3 个月内的宝宝应该尽量避免趴着睡，喂完奶拍嗝后可以先取右侧卧位，然后 3 小时左右帮宝宝改变一下体位，左右侧、仰卧交替着睡。有人守在旁边看护时可选侧卧、俯卧睡姿，注意头应偏向一侧，棉被等不要遮掩住宝宝口鼻。若旁边没人照顾时或夜间大人也要入睡时应该让孩子仰卧平躺着睡，避免发生婴儿猝死综合征。容易溢奶、吐奶的宝宝入睡时可以将头侧稍垫高，取斜坡卧位。感冒的宝宝可以在父母的照护下取俯卧位。

3 个月后宝宝学会自己翻身，一定程度上有自我保护能力，在家长看护下，可以仰卧—侧卧—俯卧几个睡姿轮流交替。宝宝清醒时可以让宝宝多趴着，锻炼头部和呼吸相关肌肉活力，增强心肺功能。随着年龄增长，宝宝会选择自己喜欢的睡眠姿势，家长没必要进行所谓的"睡眠引导""趴睡技能"等训练。

五、宝宝要睡多久

美国儿科学会和美国睡眠学会针对不同年龄儿童推荐的每天睡眠时长：0 ~ 3 个月，16 ~ 18 小时；4 ~ 12 个月，12 ~ 16 小时。

六、宝宝要睡枕头吗

随着宝宝的逐渐长大，骨骼系统逐渐发育成熟，脊柱的 4 个生理性弯曲逐个出现，为了能使宝宝睡觉安稳，当宝宝 3 ~ 4 个月，学会抬头了，颈椎前凸形成脊柱的第一个弯曲即颈曲时，宝宝就需要开始使用枕头了。开始时枕头不要太厚，从一两厘米开始，逐渐调整。枕头要用可调整的硬枕，不能选用纤维填充的软枕。0 ~ 3 个月：不需要使用枕头。3 ~ 5 个月：可以使用棉布或者软毛巾折叠成形即可，高度 1 厘米左右。6 个月以后：宝宝枕头高度 3 ~ 4 厘米，长度与肩同宽。

七、夜间出汗多的原因

很多妈妈都会遇到这样的问题：宝宝睡醒的时候衣服湿了一大片，这让妈妈们担心不已。其实，宝宝出汗多，分为生理性和病理性。很多宝宝都是因为生理性，生理性的出汗是指宝宝发育很好，身体健康，无任何疾病，睡眠中出汗。生理性多汗主要是因为宝宝汗腺和交感神经系统发育还不完全，体内新陈代谢旺盛，且皮肤血管分布多，体内水分含量大，加上活泼多动，出汗比较多。此外，宝宝穿太多衣服，盖被过厚，室温过高，吃过热的饮食都会使宝宝出现生理性出汗。妈妈们不必太过于担心，为了减少宝宝睡前出汗，需要对宝宝的睡前活动量和进食量加以控制，保持室内空气流通，衣被合适。

第三节　宝宝的日常护理

一、排便训练

宝宝控制排便的能力与神经系统发育的成熟度有关，存在个体差异，大小便训练可从宝宝会坐开始练习，每次 3~5 分钟，坐盆时不要分散其注意力，训练过程中，家长应多给予鼓励和赞赏，训练失败时不要表现出失望和责

备。随着食物性质的改变和消化功能的完善，婴儿大便次数逐渐减少，至每日 1~2 次时，即可训练定时大便。我们可以先训练白天不用尿片，然后再到夜间定时叫醒小便，最后过渡到晚上也可以不用尿片。练习期间，我们要给宝宝穿宽松易脱的裤子，以利于排便习惯的培养。

二、宝宝大小便的观察

宝宝 2~3 个月时，大便次数逐渐减少，每日排便 1~2 次，或 2~3 天排便一次，有的时候会间隔更长，母乳喂养的孩子，大便呈软膏样，淡黄色或带点微绿，味酸不臭；人工喂养的宝宝，粪便呈金

黄色，较干稠，有明显的臭味。处于婴儿期的宝宝生长发育最迅速，因此对能量和营养的需求也相对较多，宝宝满6个月就需要及时添加辅食，可常常会因为宝宝的消化吸收功能尚不完善，就容易出现消化功能紊乱。所以在辅食添加的过程中，应由少到多，由细到粗，由稀到稠，且严密观察宝宝的大小便。

添加辅食后，宝宝的大便会逐渐成形且干硬，因辅食种类多样性，颜色也会多变；正常尿液为无色透明或微黄，婴儿期的孩子，每日尿量约400~500毫升，如果宝宝出汗多、喝水少，尿色就会比较深；摄入的水量过多，尿量也会略有增加。

三、宝宝便秘了，该如何处理

婴儿便秘是一种常见病症，是指大便干结，隔时较久，出现排便困难，单纯性便秘多因结肠吸收水分电解质增多引起，护理过程中，我们可以给予适当的措施来缓解便秘。如宝宝吃睡不好，肚子胀气均不能改善，请一定要及时就医。

1. 饮食调节。适当多喂水或果汁。

2. 按摩法。手掌向下，平放于宝宝脐部上方，按顺时针方向轻轻按摩，这样不仅可以加速肠道蠕动而促进排便，且有助于消化。或给宝宝肛门口予以适当按摩，刺激肛门。

3. 肥皂条法。洗净双手，将肥皂削成长约3厘米、铅笔粗细的圆锥形肥皂条，先用少许水将肥皂条润滑后再缓缓插入肛门内，以达到刺激肠道蠕动的作用。

4. 开塞露法（需在医生指导下进行）。将开塞露的尖端封口剪开，管口处一定要修剪光滑，可用食用油滑润前端，以免伤害宝宝。让宝宝侧卧，将开塞露管口插入其肛门2~3厘米，轻轻将药液挤入肛门内，双手将宝宝两腿夹紧，让药液停留在肛门内时间久一点，使药液充分软化大便。

四、怎样给宝宝清洁口腔

很多家长认为，宝宝的乳牙反正都是要换的，不需要过多干预。其实，保持口腔卫生，从宝宝出生起就要做好。出牙前，宝宝每次吃完奶都要清洁口腔，特别是睡觉前或吃夜奶的宝宝更是如此，乳汁中含有糖分，留在口腔容易滋生细菌。怎样给宝宝清洁口腔呢？

家长可用纱布缠在食指上，蘸上白开水，轻轻按摩宝宝的上下牙床和擦拭口腔。不要使用盐水，更不能使用漱口水，纱布使用前后要用蒸煮的方式消毒。

1. 准备：首先家长做好自己手卫生工作，剪掉长指甲，洗干净手，摘掉有突出饰物的戒指等，避免划伤宝宝。

2. 器具：纱布，最好选用不易掉毛的那种。从新生儿到小宝宝长出后牙（乳磨牙）前，都可以单纯使用纱布清洁口腔。妈妈可以使用干净的纱布缠绕在自己的手指上，擦拭口腔黏膜及牙龈，将口腔内的奶垢去除。纱布每次使用后，应该用清水洗净，阳光下晒干备用。也可定期开水煮烫消毒，或更换新纱布。需要指出的是，使用棉签为小宝宝清洁口腔不是好的选择，一方面棉签遇水后变滑，摩擦力不够，不能有效清除牙面、舌背等处滞留的奶垢；另外，婴幼儿容易撕咬进入口腔的异物，造成棉头与棉签杆分离，有误吞、误吸棉签头的风险。

3. 清洗剂：白开水。正常情况下无需给婴幼儿使用任何化学制剂清洁口腔。如有特殊需要，应在医生指导下进行。

4. 体位：对新生儿到1岁左右的小宝宝，在较硬的床上平躺卧位是比较好的体位。开始时可能需要两位家长合作，使用比较轻柔的力量控制宝宝的上肢和头部。宝宝平卧位时家长的视野开阔，容易观察宝宝的反应，避免误伤。同时，也是和宝宝进行眼神肢体交流的好机会，增加亲子感情。

宝宝长牙后，这时候也开始吃辅食了，口腔内食物残渣中的糖分，在口腔内细菌的分解下形成酸性物质，这些酸性物质会附着于牙齿上，腐蚀牙齿，家长可以在食指套上硅胶指套，蘸上清水，轻轻刷干净各个牙齿的表面。不仅可以清洁口腔，还可以缓解宝宝出牙带来的疼痛和不适。

2岁以上的宝宝，要使用专门的儿童牙刷，软毛、小头、刷毛三四列为宜。牙刷使用后要晾干保存并经常消毒，勤换新牙刷。牙膏选择可吞咽的安全牙膏，每次挤出豌豆大小的牙膏即可。这个剂量是非常安全的，妈妈不需要担心氟中毒的问题。

3岁之前，建议由家长来帮助宝宝刷牙。可以让宝宝平躺着，妈妈坐在宝宝头部12点方向的位置，让宝宝的头靠着妈妈的腹部或者枕在妈妈大腿上。给宝宝至少每天刷牙两次，晚上最后一次进食后一定要刷牙，白天如果宝宝吃了粘牙的食物，也可以适时清洁，给宝宝养成刷牙的好习惯。

五、宝宝什么时候开始长牙

（一）宝宝出生之后几个月开始长牙

妈妈们所认识的"长牙"，其实就是乳牙顶破牙龈的过程。实际上，宝宝的牙齿在妈妈怀孕6周的时候就开始发育了，所以在牙齿萌出前，宝宝可是做了很多的努力。

一般来说，宝宝通常在出生后6～10个月萌出第一颗牙齿。不过宝宝们都有自己的个性，也就是存在个体差异，所以萌牙的时间不太一致，早一点的在 3 个月就长出来了，晚一点的要到 1 岁才长出来，所以我们认为 1 岁之前出牙都是正常现象。极个别的宝宝出生时就带着小牙齿，这是诞生牙。诞生牙松动的要及时拔除，以免掉落后被宝宝吸入气道引起窒息，诞生牙比较坚固的可以保留观察。

有的妈妈有疑问，宝宝在 8 个月就要进行软颗粒辅食的添加了，没有牙齿怎么办呢？其实，宝宝没有牙齿但有牙龈啊，牙龈也是可以用来咀嚼软颗粒食物的。当然，当宝宝 15 ～ 18 个月时还没有牙齿萌出，我们就得考虑疾病因素了，应该及时去口腔科就诊。在第一颗牙齿萌出后的 2 年左右的时间里，宝宝将出齐 20 颗乳牙。

（二）宝宝长牙规律是怎样的

牙齿萌出的具体时间，可以参考下面的图表。

宝宝出牙顺序

宝宝出牙时间

1. 下正中门牙齿 6～10 个月　　2. 上正中门牙齿 8～12 个月

3. 上侧面门牙齿 9～13 个月　　4. 下侧面门牙齿 10～16 个月

5. 上第一大白齿 13～19 个月　　6. 下第一大白齿 14～18 个月

7. 上犬齿　　　16～22 个月　　8. 下犬齿　　　17～23 个月

9. 下第二大白齿 23～31 个月　　10. 上第二大白齿 25～33 个月

乳牙数目的估算公式：乳牙数目 = 实际月龄 − 初萌月龄 +1。此公式适用于宝宝萌出 16 个乳牙前。

（三）没按规律长牙有问题吗

有 95% 的宝宝最初萌出的乳牙位置为下正中切牙（下门牙），但小部分宝宝并不遵循规律，妈妈们也不用过于担心，临床上不会把这种情况判断为萌牙异常的。宝宝牙齿萌出的顺序可能会受牙周组织情况、口腔肌肉、内分泌因素等影响而发生改变，一般不会影响牙齿的正常发育。

（四）如何预防龋齿

宝宝乳牙萌出后就应该进行牙齿清洁了。

1. 宝宝吃完奶后可以喂些清水，以达到清洁口腔、减少口腔内的食物残留的目的。

2. 宝宝有牙齿后就可以进行刷牙，比如用指套、软布等轻轻擦拭牙齿表面，尽早培养宝宝刷牙的习惯。

3. 避免奶睡，很多宝宝喜欢边吃边睡，夜奶会给细菌提供营养物质，制造分解机会，从而腐蚀牙齿，容易形成龋齿。

4. 及时添加颗粒食物，使乳牙及时参与咀嚼，促进乳牙的发育。

5. 预防性维生素 D、钙的补充。

6. 出现龋齿或者其他口腔问题时及时就医，不要有"乳牙迟早会更换所以不用治"的错误观念。

六、"三浴"是指什么，有什么好处

宝宝三浴就是指空气浴、日光浴以及水浴。

1. 空气浴就是让孩子的皮肤尽量多地暴露在空气中，这是利用气温与体表的温差来刺激身体，进而达到锻炼的目的。在刚开始进行空气浴的时候，室内温度不要低于 20℃，在宝宝已经适应之后，可以在外面温度超过 20℃时，带孩子到室外进行空气浴。

2. 日光浴就是通过晒太阳，来达到扩张皮肤血管的效果，而且紫外线还能够杀菌，促使人体皮肤中的胆固醇转化为维生素 D，可预防维生素 D 缺乏性佝偻病，对于预防佝偻病也有很好的作用。室外温度在 22℃～30℃的时候，就应该带孩子到外面多晒太阳。要注意避免让阳光直射孩子的眼睛，并且应该多暴露皮肤。

3. 水浴，水浴即洗澡，水的热传导能力比空气高30倍左右，对体温调节有更大的作用。水温应该保持在35℃~36℃。孩子要在浴盆里取半卧位，并且用水冲洗躯干以及四肢，水量不要超过锁骨，每次水浴的时间应该在5分钟以内。

七、如何进行日光浴

1. 当心宝宝着凉。在为宝宝做日光浴的时候，我们也得适当为宝宝穿上薄衣服，外面风大，宝宝在接受日光浴的过程中也可能出现着凉的情况。我们还是要做好宝宝的保暖工作。

2. 头部不能接受日光浴。在为宝宝做日光浴的时候，为了宝宝的眼部健康，宝宝的头部不要接受日光浴。孩子的肌肤也是比较脆弱的，建议用帽子挡住宝宝的头部。

3. 注意日光浴时间。孩子的体质和大人不一样，在为孩子准备日光浴的时候，我们要控制好日光浴的时间。不要让孩子的肌肤受到阳光的长期直射。要是室外没有风，我们可以为宝宝穿上纯棉长衣长裤，让孩子接受日光浴，防止阳光直接刺激宝宝的肌肤。夏季不可暴晒，以免阳光灼伤宝宝皮肤；冬季可选阳光充足的中午在室内或向阳避风处进行。可分段暴露身体的局部，亦可短时间全裸。

4. 及时为宝宝擦汗。宝宝在接受日光浴之后，很可能会流汗。为了防止宝宝流汗后着凉感冒，我们还是要注意及时为孩子更换内衣

裤，要注意及时为孩子擦汗，防止宝宝着凉。另外孩子的身体也可能出现缺水状态，我们要及时为宝宝补充水分。

5.生病期间不宜进行日光浴。当宝宝的身体不适或者是出现感冒症状，不宜接受日光浴，此时好好休息才是最重要的。

第四节　健康监护与保健

一、该月龄的宝宝身高体重参考指标

表 4-1　1 ～ 12 个月宝宝生长发育指标参考

月份	体重（千克）		身长（厘米）		头围（厘米）	
	男宝宝	女宝宝	男宝宝	女宝宝	男宝宝	女宝宝
1 个月	3.4 ～ 5.8	3.2 ～ 5.5	50.8 ～ 58.6	49.8 ～ 57.6	34.9 ～ 39.6	34.2 ～ 38.9
2 个月	4.3 ～ 7.1	3.9 ～ 6.6	54.4-62.4	53.0 ～ 61.1	36.8 ～ 41.5	35.8 ～ 40.7
3 个月	5.0 ～ 8.0	4.5 ～ 7.5	57.3 ～ 65.5	55.6 ～ 64.0	38.1 ～ 42.9	37.1 ～ 42.0
4 个月	4.6 ～ 8.7	5.0 ～ 8.2	59.7 ～ 68.0	57.8 ～ 66.4	39.2 ～ 44.0	38.1 ～ 43.1
5 个月	6.0 ～ 9.3	5.4 ～ 8.8	61.7 ～ 71.0	59.6 ～ 68.5	40.1 ～ 45.0	38.9 ～ 44.0
6 个月	6.4 ～ 9.8	5.7 ～ 9.3	63.3 ～ 71.9	61.2 ～ 70.3	40.9 ～ 45.8	39.6 ～ 44.8
7 个月	6.7 ～ 10.3	5.7 ～ 9.3	64.8 ～ 73.5	62.7 ～ 71.9	41.5 ～ 46.4	40.2 ～ 45.5
8 个月	6.9 ～ 10.7	6.3 ～ 10.2	66.2 ～ 75.0	64.0 ～ 73.5	42.0 ～ 47.0	40.7 ～ 46.0
9 个月	7.1 ～ 11.0	6.5 ～ 10.5	67.5 ～ 76.5	65.3 ～ 75.0	42.5 ～ 47.5	40.7 ～ 46.0
10 个月	7.4 ～ 11.4	6.7 ～ 10.9	68.7 ～ 77.9	66.5 ～ 76.4	42.9 ～ 47.9	41.5 ～ 46.9
11 个月	7.6 ～ 11.7	6.9 ～ 11.2	69.9 ～ 79.2	67.7 ～ 77.8	43.2 ～ 48.3	41.9 ～ 47.3
12 个月	7.7 ～ 12.0	7.0 ～ 11.5	71.0 ～ 80.5	68.9 ～ 79.2	43.5 ～ 48.6	42.2 ～ 47.6

二、宝宝的发育达标吗

作为父母，要了解宝宝在不同时期的生长发育规律，陪着宝宝多接触外面的世界，刺激宝宝的视觉、听觉和触觉的发展，让你的宝宝有灵敏的感知，为今后的学习做好充分准备。今天为大家讲讲1～12个月宝宝的发育指标，供大家参考。

（一）第1个月发育指标

满月时，俯卧抬头，下巴离床三秒钟，能注视眼前活动的物体。啼哭时听到声音会安静，除哭以外能发出叫声，双手能紧握笔杆，会张嘴模仿说话。

（二）第2个月发育指标

逗引时会微笑，眼睛能够跟着物体在水平方向移动，能够转头寻找声源。俯卧时能抬头片刻，自由地转动头部。手指能自己展开合拢，能在胸前玩，会吸吮拇指。

（三）第3个月发育指标

俯卧时，能抬起半胸，用肘支撑上身。头部能够挺直，眼看双手、手能互握，会抓衣服，抓头发、脸，眼睛能随物体180°转动。见人会笑，会出声答话，会发长元音。

（四）第4个月发育指标

俯卧时宝宝上身完全抬起，与床垂直，腿能抬高踢去衣被及踢吊起的玩具。视线灵活，能从一个物体转移到另外一个物体。开始咿呀学语，用声音回答大人的逗引。

（五）第 5 个月发育指标

能够认识妈妈，以及亲近的人，并与他们应答。大部分孩子能够从仰卧翻身变成俯卧，可靠着坐垫坐一会儿，坐着时能直腰。大人扶着能站立，能拿东西往嘴里放，会发出一两个辅音。

（六）第 6 个月发育指标

手可玩脚，能吃脚趾。头、躯干、下肢完全伸平，两手各拿一个玩具能拿稳。能听声音看目的物，会发两三个辅音，在大人背儿歌时会做出一种熟知的动作。照镜子时会笑，用手摸镜中人，会自己拿饼干吃，会咀嚼。

（七）第 7 个月发育指标

会坐，在大人的帮助下会爬，手能拿起玩具放到口中。会表示喜欢和不喜欢，能够理解简单的词义，懂得大人用语言和表情表示的表扬和批评。能记住离别一星期左右的熟人，会用声音或动作表示要大小便。

（八）第 8 个月发育指标

能够扶着栏杆站起来，可以坐得很好。会两手对敲玩具，会捏响玩具，会把玩具给指定的人。展开双手要大人抱，用手指抓东西吃，会用 1~2 种动作表示语言。

（九）第 9 个月发育指标

扶物站立，双脚横向跨步，拇指和食指能捏起细小的东西。能听懂自己的名字，能用简单语言回答问题，会随着音乐有节奏地摇晃。认识五官，会做 3~4 种表示语言的动作，知道大人谈论自己，懂得害羞，会配合穿衣。

（十）第 10 个月发育指标

会叫妈妈、爸爸，认识常见的人和物。能够独自站立片刻，大人牵着手会走。喜欢被表扬，主动地用动作表示语言，主动亲近小朋友。

（十一）第 11 个月发育指标

大人牵一只手就能走，能准确理解简单词语的意思，会叫人了。能指出身体的一些部位，会竖起手指表示自己一岁，愿意母亲抱别人，有初步的自我意识。

（十二）第 12 个月发育指标

不必扶，自己站稳能独走几步。认识身体部位三到四处，认识动物三种左右，会随儿歌做表演动作。能完成大人提出的简单要求，不做成人不喜欢或禁止的事。开始对小朋友感兴趣，愿意与小朋友接近、游戏。

以上就是关于婴幼儿1～12个月生长发育参考标准的内容，1～12个月是宝宝生长发育速度最快的时期，也是宝宝各项能力发展的基础阶段，因此需要爸爸妈妈的细心引导和照顾。

2个月抬头　　　　4个月翻身　　　　6个月会坐

7个月来回滚　　　8个月会爬　　　　1岁会走

三、发育迟缓有哪些表现

（一）1岁以内宝宝发展目标

1 从能抬头、视物、倾听，发展到翻身、爬、坐，再发展到站立，进而从扶着走发展到独自行走。

2 从握手、握拳到能用手敲、拍、摔物体；能试着拿勺子吃饭，双手拇指和食指可协调地拿起细小的物品；双手能灵活地摆弄玩具、搭积木，能拿笔在纸上乱画。

3 从爱听轻快、优美的乐曲和家长亲切的话语，发展到喜欢听大人讲故事、念儿歌。

4 从能理解日常用语，并用动作予以回应，如挥手表示"再见"，发展到会说单字句，如"爸""妈""拿""要"等。

5 能分辨家人及陌生人，有需要旁人注意自己的愿望；能表达喜乐或不愉快的心情，喜欢与他人特别是同龄人交往。

6 注视时间随月龄而延长，能对着镜子看自己，并能机灵地观察人们的活动，喜欢看画、文字（大字）。

7 有较明显的独立意识，能识别家人的表情、态度，受到夸奖时会表现出高兴的样子。

（二）发现孩子有以下疑似发育迟缓的症状，应及时前往正规儿童专科医院检查诊疗

1 生长发育迟缓 孩子身高、体重、头围、胸围、牙齿发育明显低于正常孩子标准。如果比同龄儿童晚5~6个月，则说明可能存在发育迟缓问题。

2 语言发育迟缓 1岁以内宝宝语言能力：1个月，仅会哭。2个月，逐渐发出个别语音或喊声。4个月，开始咿呀学语。6个月，发出个别音节，如"妈""爸"等，以唇音为主。8个月，能发出"爸爸""妈

妈"等复音。10 个月，能模仿大人的声音。凡是落后四五个月应看作是发育迟缓的信号。

3 运动发育迟缓　包括粗大动作和精细动作。粗大动作如头部控制、坐、爬、站、走、跳跃、跑等等；精细动作如抓放、手指对捏、模仿画画、折叠等等。如果比正常同龄儿童晚 4～5 个月，则其可能存在运动发育迟缓的问题。

4 智力发育迟缓　婴儿时期异常安静或多动、少哭或多哭、喂养困难、双眼无神、逗弄无反应、对周围事物反应差。

四、宝宝要接种哪些疫苗

我国我国卫生部规定，儿童必须在 1 岁以内完成卡介苗、乙型肝炎疫苗、脊髓灰质炎疫苗、百白破混合制剂、麻疹减毒活疫苗、乙脑疫苗和流脑疫苗 7 种制品的全程接种。

按疫苗分类，接种时间如下：

1. 卡介苗（预防结核病）：出生接种。

2. 乙肝疫苗（预防乙型肝炎）：出生 24 小时内，1 月龄，6 月龄。

3. 脊灰疫苗（预防脊髓灰质炎）：2 月龄，3 月龄，4 月龄和 4 周岁。

4. 百白破疫苗（预防百日咳、白喉、破伤风）：3 月龄，4 月龄，5 月龄和 18～24 月龄。

5. A 群流脑疫苗：6 月龄，9 月龄。

6. 麻风（或麻疹）疫苗（预防麻疹、风疹）：8 月龄。

7. 乙脑疫苗（预防流行性乙型脑炎）：8 月龄。

五、卡介苗接种后局部出现脓包或溃烂，怎么办

卡介苗接种后，接种部位会出现红肿，中间逐渐软化，形成白色小脓疱，脓疱破溃后，脓汁排出，1～2 周后结痂，愈合后可留有圆形瘢痕。经历了这几个阶段，才标志着卡介苗的接种成功。这是

新手妈妈你知道吗？

卡介苗接种后的正常反应过程，是有效接种的标志。接种卡介苗后局部有脓疱或溃烂时，不必擦药或包扎。局部保持清洁，衣服不要穿得太紧，如有脓液流出，可用无菌纱布或棉花轻轻拭净，不要挤压，待其自然愈合结痂，痂皮自然脱落。

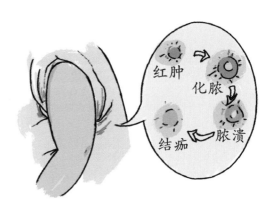

六、斜颈需要治疗吗

先天性斜颈，指出生后即发现颈部向一侧倾斜的畸形，因肌肉病变所致者，称之为肌源性斜颈；因骨骼发育畸形所致者，称之为骨源性斜颈。后者罕见。

（一）先天性斜颈的表现

1 颈部内可触及肿块。

2 患儿头斜向肿块侧。

3 面部不对称，患侧眼睛下降，下颌转向健侧，双侧面孔大小不一，健侧丰满呈圆形，患侧则狭而平板。

（二）发现宝宝斜颈，宜尽早治疗。

1. 非手术疗法

1 手法按摩，促使肿块软化与吸收。

2 局部热敷，睡眠时使婴儿头颈尽量向患侧旋转，以及给予挛缩的胸锁乳突肌以牵拉力。各种操作均需小心、细心，切勿因操之过急而引起宝宝误伤。

2. 手术疗法

1 胸锁乳突肌切断术；

2 胸锁乳突肌全切术；

3 部分胸锁乳突肌切除术；

4 胸锁乳突肌延长术。

七、宝宝出现哪些表现，应该找儿科医生检查

宝宝出现发热、异常呕吐、腹泻等或不明原因的反复哭闹、拒绝进食、精神不好等情况均应及时看医生。

（一）发热

3个月以下出现发热；3个月以上出现高热；3~6个月肛温 ≥ 38.3℃；6~12个月肛温 ≥ 39.4℃；1岁以上肛温 ≥ 39.4℃，且持续超过24小时。发热超过5天，服用退烧药无效；发生高热，使用对乙酰氨基酚或布洛芬2小时体温未降；精神状态不好，吃、喝、玩跟平常很不一样，睡着后很难唤醒。其他任何家长担心的情况。

（二）出现肢体抖动、呕吐、抽搐等情况

如果孩子出现惊跳（四肢抖动）、肌肉抽动或震颤、呕吐、皮肤发花、面色苍白等情况，就要带宝宝去医院了。

（三）咽痛无法进食导致脱水

宝宝咽痛明显，喝不下水也吃不了东西，导致脱水严重（眼窝深陷，嘴唇干裂，精神萎靡），应尽早就医。

（四）耳朵流脓

如果孩子出现耳朵流脓，频繁抓耳朵，哭闹不安等症状，可能发展为急性中耳炎要及时去医院就诊。

新手妈妈你知道吗？

第五节　回应性照顾

一、该月龄宝宝一哭就要抱吗

7～8个月以后，应该开始培养宝宝的自控能力了，这时候宝宝的大脑中控制情绪的中枢（额叶部分）开始发育，他已经具备自控能力培养的基础。情绪自控是适应社会的重要能力。那么，如何培养呢？当宝宝吃东西或要人抱时，父母要让他知道什么时候才能得到满足，教会他在此之前只能等待。如果宝宝哭闹，而父母不耐烦了，立即答应他的要求，宝宝就会学会利用哭

来达到目的。如果父母不答应就会一直哭闹，直到父母答应为止。这样会导致宝宝任性，不利于培养他良好的社会适应能力。

因此，当宝宝哭时，成人不能简单地决定"抱"还是"不抱"，需要具体问题具体分析。

二、该月龄宝宝已有哪些情绪

2～7个月的婴儿，会有愤怒、悲伤、快乐、惊讶、恐惧。婴儿

的情绪具有影响照料者行为的沟通和作用能力，在不确定的环境当中，婴儿也会通过关注父母的情绪来决定自己的行为。

三、婴儿的气质类型

婴儿的气质是与生俱来的，没有好坏之分。婴儿的气质是婴儿在情绪、运动和注意反应以及自我调节等方面的先天差异。每个婴儿都有其独特的人格。人的气质差异在一出生就会有体现，比如有的孩子一生下来就非常好哭，有的孩子爱笑。

四、父母养育方式与儿童行为方式的关系

婴儿的行为方式会对父母的抚养或者教育产生明显的影响，而这种影响又会通过受到影响的父母的养育行为反作用于儿童。比如一个下班归来的爸爸满怀喜悦地想要抱一抱自己6个月的女儿，但孩子却哭脸回避，这很容易破坏爸爸的心情，并对爸爸今后参与育儿的积极性造成打击。这个时候爸爸如果不了解自己孩子的气质类型特征就会认为孩子不喜欢自己，从而放弃对孩子的亲子互动，这对孩子今后的情绪发育未必是个好事。如果父母能够认识到儿童的气质特征，他们就不会产生一些焦虑和不安，而且会根据孩子的气质特征来采取适宜的养育方式，这样就能够促进孩子的行为发育。相反，如果加以强迫可以导致问题行为发生的危险。

五、如何根据婴儿气质调试养育方式

（一）节律性差

宝宝在节律性上的差异可以从睡觉状况看出来。有的宝宝很难哄入睡，睡着没一会儿就又醒了，让很多妈妈颇为头疼。其实这就是缺乏节律性的一种表现。节律性强的宝宝，睡眠则十分规律，到点了就

自然而然进入梦乡了。首先爸爸妈妈要接受并适应宝宝的特点，在今后的带养过程中要格外耐心地训练宝宝的节律性，建立规则，并遵守。

（二）适应性差

有时候，父母无暇照顾宝宝时，可能会选择把宝宝带到亲朋好友家让他们帮忙照顾一下。有的宝宝面对新环境和不太熟悉的人，会非常没有安全感，又哭又闹；而有的宝宝则会感到很新鲜，显得活力十足。对必需的活动，父母提供机会给宝宝一个逐渐适应的过程。不要不论好坏强迫宝宝进行有关活动。

每个孩子都是独一无二的，父母要有耐心，不焦躁，不把成年人的意志强加给孩子。

六、3种亲子依恋类型

依恋是婴儿寻求并企图在躯体和心理上，与抚养人保持亲密联系的一种倾向，常表现为微笑、啼哭、咿咿呀呀、依偎、追随等。儿童的依恋是逐渐发展的，一般在出生后六七个月开始形成，分离焦虑通常是在15个月达到高峰，一般我们会发现一岁多的宝宝跟父母分开的时候会大哭，表现出来非常焦虑和不安，这也是安全依恋的反应。随着语言和认知功能的发展，3岁后的孩子就逐渐能够接受与依恋对象的分离，并且习惯与同伴或者陌生人交往。这也是因为我们要求3岁的孩子以后可以上幼儿园进行集体生活的科学理论基础。

我们可以把亲子依恋分成安全型、反抗型和回避型3种类型。因为亲子之间的互动会产生不同的效果，良好的亲子依恋是一种积极的，充满深情的感情联系。婴儿所依恋的人会使他们获得安全感，有了这种安全感，婴儿会在陌生的环境中克服焦虑和恐惧，从而去探索他周围的一些新鲜事物，并尝试与陌生人接近，这样就可以使婴儿扩大视野，认知力也得到快速的发展。

亲子依恋，是母子间相互作用的产物。妈妈与婴儿交往的态度和行为以及婴儿本身的气质特点，是影响婴儿形成不同依恋类型的两个主要因素。负责任的、充满爱心的细心妈妈能够对孩子的身心给予积极的反馈，这样孩子就容易形成安全依恋。反之，如果妈妈对孩子的一些生理心理反馈不给予积极的反馈，孩子就会形成反抗型或回避型依恋。

七、建立安全型亲子依恋，发展良好的亲子关系

发展良好的亲子关系，我们可以：

1. 满足婴儿的合理需求，在需求的满足中发展情绪情感。

2. 发展良好的亲子关系形成母婴安全依恋。

3. 要促进儿童在集体中和同伴交往，使孩子在交往中发展情绪。

4. 扩大婴幼儿的活动范围和活动内容，在游戏和学习中发展情感。

八、宝宝什么时候开始认生，要怎么应对

认生在婴儿期是非常普遍的，一般发生在出生后 6 ~ 8 个月，这个时期的婴儿出现记忆储存能力，不仅能区分亲人和陌生人，还会对陌生人表现出"警觉"或"害怕"的情绪，这就是"认生"现象。这种现象可以说明婴儿的感知能力和记忆能力都得到了正常的发展。有的妈妈觉得，宝宝认生是不够勇敢的表现，于是就故意把宝宝交给不熟悉的照看者，想以此来锻炼宝宝。这是一种不适当的做法，不但不能让宝宝变得更勇敢，反而有可能妨碍宝宝和妈妈建立起安全型的

依恋关系，宝宝会变得更退缩，甚至害怕妈妈。而宝宝必须对妈妈有绝对充分的安全感，才能以此为基础逐步与外界建立更多的联系。因此，专家建议这样做：

（一）照顾好宝宝

妈妈要留充足的时间陪伴宝宝，心情愉悦地和他（她）互动，细心观察和体会他（她）的生理和心理需求，是不是饿了、尿了、困了……并及时满足他（她），宝宝就会慢慢建立起可靠的安全感。宝宝会觉得，妈妈重视我，理解我，和妈妈在一起好开心。

（二）给宝宝挑个毛绒伙伴

给宝宝挑个大毛绒娃娃或小熊等，当他（她）的伙伴，让宝宝抱抱，观察他（她）喜欢的程度。有些宝宝很快就喜欢上，不肯撒手，有的宝宝则要试过好几种才能确定。平时经常让宝宝去抱抱他的大娃娃，带宝宝去陌生环境时，也让宝宝带着他的大娃娃。宝宝有妈妈，还有毛绒伙伴，会更有安全感，也就不那么紧张了。

（三）爸爸不能缺席

很多爸爸由于工作忙，疏于关爱宝宝，这方面需要补课。父亲会和孩子玩更有刺激性的游戏，宝宝在和爸爸游戏中有更酷的体验，并感到很安全很有趣。爸爸经常陪孩子，孩子自然就更大胆更主动。

（四）创造机会让宝宝多接触人

宝宝出生后，爸妈要经常带宝宝到户外玩耍，让宝宝接受外界丰富多彩的刺激，并故意让宝宝和一些友好者接触，以熟悉不同的面孔。对于个别不太喜欢小宝宝的人，要避开，免得吓着孩子。注意观察宝宝的表情，是否乐意，是否勉强，是否疲劳。

（五）避开粗鲁者的接触

有些人生性粗鲁，说话大嗓门，做事手脚重，偏偏他们中多数人又很热情，见到小宝宝喜欢逗一逗、捏捏小脸蛋、招招嫩胳膊。他们大多并无恶意，但他们的言行举止对宝宝的视觉听觉和心理等都会造成很大的冲击，很可能会吓着宝宝。妈妈要提前识别他们，注意避开，实在避不开就及时制止他们粗鲁的举动。宁可让他们说你"不通情理"，也不要对宝宝造成任何可能的伤害。

只要爸妈用心，在1岁到1岁半的时候，宝宝就能健康地进入生命的下一个美好阶段了。

九、3个月至1岁的宝宝啃手脚要不要阻止

宝宝出生后的第一年称为"口欲期"，是人格发展的第一个基础阶段。口是婴幼儿生活的中心和兴趣的中心。他们强烈需要一种安全感，吸吮需求很强烈，尤其是在睡觉的时候。吃奶是用口，饥饿或者不舒服的时候，用口哭叫；愤怒的时候，用口咬母亲的乳头，抓到东西都往嘴里塞，这是他的惟一认识手段。宝宝啃手指，父母应该为宝宝的进步感到高兴。从一开始吮吸整个手，到灵巧地吮吸某个手指，说明宝宝大脑支配自己行为的能力有了很大的提高，从而能促进大脑、手、眼的协调能力。家长在宝宝口欲期时，最好不要阻止宝宝咬东西，应该帮助宝宝用温开水做好口腔护理，擦拭牙龈、舌头等，并且帮助宝宝保持使用物品的干净卫生。

十、磨牙棒要不要给

磨牙棒是用来给宝宝磨牙的，经常咀嚼磨牙棒，可以按摩牙龈，提高咀嚼能力，促使萌生的乳牙及时长出和颌骨正常发育，缓解宝宝因为出牙造成的牙龈不适，为恒牙健康成长打下良好基础，同时还能锻炼宝宝的抓握能力。

磨牙棒使用小技巧：

1. 给宝宝食用磨牙棒前，先帮宝宝清洗小手，防止细菌入口。

2. 宝宝在食用磨牙棒时，身边要有大人看护，以免发生噎食窒息的意外。

3. 尽量不要给碎的磨牙棒。

4. 食用磨牙棒时，周边不要有小的物件，以防宝宝不慎吞入。

5. 保持坐立的姿势，绝对不能躺着或者趴着吃。

6. 使用后要喝水漱口，保护牙齿。

十一、宝宝咬人怎么办

宝宝的乳牙在4~10个月开始萌出，2岁半左右出齐。在此期间，宝宝必须熬过漫长而痛苦的出牙期，忍受各种疼痛、酸胀、发痒等不适。有的宝宝会变得烦躁、哭闹，变得爱咬东西、咬人。

遇此状况，家长们一定不要大惊小怪，给宝宝充分的理解与宽容，要知道，宝宝出牙期，是痛并折腾着的。同时，多用耐心、真心、爱心，给宝宝最贴心的呵护，帮助宝宝安度出牙期，及时擦掉宝宝的口水，勤换口水巾；经常抚摸和拥抱宝宝，缓解宝宝的焦虑情绪；即便是咬坏了什么物品，也不能责怪宝宝；如果宝宝变得爱咬人，不要大呼小叫吓着宝宝，要知道，你夸张的反应，有时还会让他觉得很有趣，恶性循环地"咬"下去。

十二、回应性照顾，我们该怎么做

1. 继续母乳喂养，白天和夜晚频繁哺乳。

2. 让孩子用自己的盘子或碗吃饭，能够比较清楚地看出孩子吃了多少食物。

3. 给孩子准备多种食物，如蔬菜、动物来源食物、水果、豆类。

4. 家人和孩子坐在一起吃饭，同时给孩子耐心和积极的表扬与鼓励。

1 调整吃饭的座位，让养育人能够看到孩子的脸。

2 吃饭时家人尽量多向孩子微笑，传递愉悦和信任的感觉。

3 表扬孩子练习吃饭的努力，以及具体的进食行为。

5. 观察、倾听和用语言回应孩子的信号，顺应这些信号，不要与孩子对抗。

1 进餐过程中和孩子持续交流，叫孩子的名字，观察孩子的反应，和孩子说话。

2 回应孩子发出的声音和表达的兴趣。

3 给孩子足够的时间适应辅食。

4 当孩子表示拒绝进食或对食物不感兴趣的时候，养育人不要忽略孩子发出的信号，不要强迫孩子进食或威胁、打骂孩子。

5 如果孩子拒绝某种食物，可以给孩子另一种食物，或停下来跟孩子说话，告诉孩子你对这种食物的喜爱。

6 平时与孩子多进行互动。

7 洗手的时候与孩子进行互动。

8 平时准备干净、安全和色彩鲜艳的物品，让孩子伸手去够、触摸、敲打和摔落，如木头勺子或塑料碗。

第六节 早期学习

一、该月龄宝宝语言启蒙

2～3个月的宝宝，对爸爸妈妈的微笑和说话声，有时候会用发声来应答。3～6个月的宝宝会转头寻找声源，呼名会有反应。开始牙牙学语，会重复一个相同的音节，如 ma-ma-ma、ba-ba-ba 等。6～9个月的宝宝，对一些手势会做出反应，开始理解家里人的称呼，会发出不同音的组合，如 ba-da、ma-bu 等。还会用"共同注意"的能力表达需求。9～12个月的孩子能听从简单的指令，可以指认熟悉的物品，开始有意识地叫爸爸、妈妈。这个阶段宝宝的语言表达由之前的语前阶段进入单词阶段。

12个月以下的宝宝，主要是在家庭互动中"学听"，结合每天的吃、喝、拉、睡，配合简单的句子，说给宝宝听，只要让宝宝听得足够多就行了。可以采用感觉运动的活动，如敲打类、发声类和可移动的玩具，这个阶段的宝宝很喜欢玩重复类的游戏，这本身就是一种学习的方式。

二、该月龄宝宝视力训练

对于宝宝视力发育的情况，各个阶段是有不同的特征的，刚出生的时候宝宝的眼前是模糊的一团，看不清楚东西。

1个月的时候，宝宝的眼睛能聚集在眼前20～30厘米的东西，但还是比较模糊的。

2个月的时候，宝宝的视力为0.01，眼睛会随着徐徐移动的物体运动，开始出现保护性的眨眼反射，看到的物体都是黑白色的。

3个月的时候，宝宝的视力为0.01～0.02，视野已达180度，已经能感受到一点色彩，最先看到的是红色，能够看清妈妈的脸。

4个月的时候，宝宝的视力达到0.02～0.05，手眼协调开始，能看清自己的手，有时也能用手去摸所见物体，能够逐渐从红色看到绿色、黄色、蓝色等。

6个月的时候，宝宝的视力是0.04～0.08，双眼可较长时间地注视一个物体，手眼协调能力也越来越好，这时候的宝宝喜欢把东西或者他手里能拿到的物品放入自己的口中，看到颜色的亮度也越来越好。

8个月的时候，宝宝的视力是0.1，深度知觉有所发展，能够用眼睛判断亲人的长相。宝宝能够判断距离，如果前面有一个东西，他（她）会伸手探查去拿那个东西，此时宝宝已经能感知远近的距离了。

1岁的时候，宝宝的视力达到0.2～0.3，视力与细微动作协调，可处理更小的物品，如用手抓取食物。

0～3个月：给宝宝看的颜色以黑白为主，当宝宝吃饱后，竖起宝宝，除了拍嗝以外，还能让宝宝看到更多的物体。平时躺着的时候宝宝看到的是天花板，其次就是妈妈的脸，这个阶段妈妈还可以用玩具或手指等慢慢移动，让宝宝的目光追随，或者让其他的家庭成员在不同的方位呼唤宝宝，宝宝听到之后目光也会随之去寻找。也可以买一些黑白的卡片给宝宝来看。因为宝宝这个时候视力刚刚发育好，所以这个阶段训练还是比较简单的，不能操之过急。

4～6个月：4个月，宝宝最初看到的是红色和绿色，然后是蓝色和黄色，妈妈可以给宝宝买带有以上色彩的卡片，然后宝宝的目光在这些卡片上，逗留一会儿然后再去移动这个物品，让宝宝的目光去追随它，也可以达到训练宝宝的效果。5个月的时候，同种颜色宝宝能够分出深浅，但是，我们还是建议妈妈给宝宝买玩具或者是衣服卡片的时候颜色要纯色，不要很多颜色在一起，宝宝也容易混淆。

6～12个月：这个时候宝宝的大脑开始帮助他指挥两个眼球协调移动，他可以把两个错开的图像拼成一个，这个时候他已经能够知道这个东西他够不够得到。8个月宝宝开始学爬，会爬以后可以把物品放在宝宝前后，不同的距离让宝宝去够那个物品。

三、科学促进宝宝听觉发育

从宝宝出生起，家长每天就会用语言、表情、动作与宝宝交流，宝宝的听力从出生就有，听觉能帮助宝宝辨听周围环境中的多种声音，凭借听觉可以学习语言交流，一岁以内是儿童语言发展至关重要的时期。因此，听觉对于1岁以内的宝宝是相当重要的，如何科学促进宝宝的听觉发育呢？

跟宝宝多交流，不要担心宝宝听不懂，也不要认为跟不会说话的孩子交流多此一举，此时的宝宝对语言有浓厚的兴趣，妈妈可以用温柔、缓慢、清晰的语调跟宝宝说话，或者给宝宝讲故事、唱歌，吐字一定要清晰，有助于宝宝模仿，早日说话。

给宝宝聆听各种声音，让宝宝知道声音的奥妙，如在宝宝的床边按摇铃，买会发出叫声的动物玩偶，宝宝用手捏玩具就会发出动物叫声。带宝宝到大自然中，听鸟叫、虫鸣的声音。

在宝宝视线外放声音，让宝宝寻找声源，锻炼宝宝耳朵辨听方向。此时要观察宝宝的视线，是否眼睛转向发出声音的方向，若宝宝对声音无明显反应，多重复几遍。

互动游戏：妈妈收集生活中宝宝了解到的声音，然后模拟给宝宝听，让宝宝去找发声体。如妈妈模仿小狗"旺旺"叫，让宝宝从玩具中找出小狗玩偶，如果宝宝成功地将小狗玩偶送到妈妈手中，说明宝宝彻底领悟了。用筷子轻轻敲打家中锅、碗、瓢、盆会有不同的声音，对比敲打桌子、玩具、地板等声音让宝宝辨听，让宝宝理解不同的物体经过敲打发出它独特的声音。

四、该月龄宝宝运动训练

（一）大运动训练

1 抬头

从宝宝出生后 15 天开始就可以慢慢地锻炼宝宝的抬头能力，这个时候宝宝的头颈比较软，可以在吃奶前约一个小时锻炼，宝宝俯卧位，家长伸出手指帮宝宝拖住下巴以免窒息发生，让他的头离开床，持续几秒钟，每天都可以锻炼几次。

宝宝 2 个月大时，可以用玩具在他头前面晃动，每次可以让他（她）锻炼 30 秒到 1 分钟，每天也可以竖抱宝宝数次，让宝宝的背部靠着妈妈胸部，也可以锻炼宝宝抬头的能力。3 个月的宝宝俯卧抬头可以达到 45°～90°，家长让宝宝俯卧位用玩具逗引，玩具高度逐渐增加。

2 翻身

如果宝宝会俯卧抬头了，那就要慢慢地帮宝宝进行翻身训练。4～5 个月的时候可以用玩具逗引翻身，如果是往左侧翻，可以把右侧的手臂稍微上抬，然后用右侧腿搭上左侧腿，轻推宝宝的屁股让宝宝进行翻身，也可以用手轻轻推肩部和屁股给予助力。还可以用双手推宝宝双脚，进行蹬腿的训练，锻炼腿部力量。

3 坐

5 月龄要给宝宝进行坐的训练，尤其锻炼背部的力量。将宝宝的腿稍分开，扶着宝宝，让宝宝靠着垫子或者沙发背坐着，用玩具逗引让宝宝抬头，在锻炼坐的同时也进行抬头的训练。

6 月龄的宝宝，可以逐渐拉开靠垫的距离，让他（她）可以独自坐立，另外还要继续俯卧练习抬头、爬行的能力，7 月龄差不多可以独坐。

  新手妈妈你知道吗？

4 **扶物独站、爬行**

7 ~ 8 个月练习匍匐爬行，刚开始可以推着宝宝前进，之后可以放玩具在宝宝的前面，俯卧位的时候让他（她）自己主动去爬，爬这个动作在促进运动协调能力发展方面非常重要，所以家长们要训练宝宝进行爬行。一般来讲 9 月龄的宝宝就可以进行熟练爬行了。

5 **扶站、学步**

9 月龄后的宝宝，也要训练扶站能力，还有握双手会走的能力，妈妈可以站在前面，握住宝宝的双手，慢慢地随着妈妈的移动牵着宝宝走。

10 月龄宝宝要学会扶栏站起的能力，扶着栏杆可以自己站起来。

11 月龄的孩子要训练扶物蹲下捡玩具。

12 月龄的孩子能够独自站立时间比较长，拉手可以走。

（二）精细运动训练

1 **3 个月以内**

1 个月的时候可以把手指塞到宝宝手中练习握拳。

2 ~ 3 月可以给宝宝拨浪鼓，摇铃等玩具进行玩耍，宝宝拿着摇铃摇，练习手抓物的能力。

2 **4 ~ 6 个月**

4 个月的时候可以将较大的玩具放在宝宝前面让他去拿。

5 月龄可以把玩具给他（她）抓握，摔和砸的动作也是可以的，这个时候大拇指已参与握物，有的宝宝还会把玩具放到嘴里，要注意玩具的卫生消毒。

6 个月可以给宝宝两个玩具，还可让他锻炼从一只手到另一只手的转换动作。

3 **7 ~ 9 个月**

7 ~ 8 月龄的宝宝可以给他比较小的物品，比如小馒头、小糖果，可以锻炼手的精细动作，但是小的食物容易引起宝宝的误吸，所以要格外注意观察，避免误吸的情况。也可以给积木，锻炼手的传递能力。

9 月龄宝宝可以锻炼食指垂直于物体表面抓起物体的能力。

4 　**10 ~ 12个月**

10 ~ 12个月的宝宝要进一步锻炼手的精细化动作，如握笔在纸上画出印迹或色彩，让宝宝将小物体放进杯子或小瓶中。

五、该月龄宝宝每日身体活动时间

每天多次以多种方式进行身体活动，特别是通过互动式地板上游戏；多则更好。对于尚不能自主行动的婴儿，这包括在清醒时每天至少30分钟的俯卧位伸展（肚皮时间）。受限时间每次不超过1小时（例如手推童车 / 婴儿车、高脚椅或缚在看护者的背上），不建议有屏幕时间。坐着时，鼓励与看护人一起阅读和讲故事。保持 14 ~ 17 小时（0 ~ 3 个月大）或 12 ~ 16 小时（4 ~ 11 个月大）的优质睡眠，包括打盹。

六、如何为宝宝选择合适的图书

很多妈妈都知道早期阅读的重要性，因而引领宝宝爱上书，可是 0 ~ 1 岁的婴儿的确存在很多阅读难题，比如注意力难以集中、不喜欢阅读、偏好咬书和撕书等。那么，此时阅读的目的就是让宝宝和书做朋友、培养宝宝对书和阅读的兴趣。如何为这个时期的宝宝选择适合他们阅读的图书呢？

1. 就刚刚开始的婴幼儿阅读来说，家长可以选择黑白书，或是利用生活中看得到的大图片（简单对比的图案）来展开亲子共读。新生儿视觉发展研究已经证明：宝宝在初生期更适合观看轮廓鲜明、对比强烈的黑白图形。通过注视对比强烈的黑白图形，给宝宝以适度的视觉刺激，有助于在宝宝的大脑里建立资质优秀的神经回路，将更多的脑细胞连接起来。脑细胞连接越多，宝宝的智商就会越高，从而促进宝宝脑潜力的开发。

2. 宝宝在 6 个月左右，往往会出现撕纸的现象。妈妈们不必担忧，说明宝宝的手部动作已渐趋成熟，手眼协调能力也基本具备。我们可以为宝宝选择特殊材质的塑胶书、布书、安全的硬纸板书籍等，既方便小宝宝的小手翻阅，又不易损坏。

3. 当宝宝逐渐学会爬行、站立和走时，好奇心非常强，凡是手可以够得着的东西，都要拿过来，能拧的拧，能撕的撕，还要放到嘴里尝一尝。他不停地触摸各种东西，不断地尝试新事物，妈妈可以选购一些：1. 触摸书，比如《在农场》，在这本亮丽的厚纸板触摸书里，可以摸到毛茸茸的小兔子、有褶皱的奶牛的鼻子、小猪宝宝柔软的皮肤。2. 立体书，比如《谁的声音》这本书，可以翻出一只漂亮的小猫咪，站起来一只可爱的小鸭子，弹出一只威风凛凛的大老虎，妈妈再根据孩子的接受能力，辅以夸张的表情和语气，宝宝绝对会乐此不疲。

4. 当宝宝能坐在浴盆洗澡时，可以递给他（她）一本洗澡书《好朋友》，这本洗澡书质地柔软、可以在水中漂浮，宝宝可以安全地捏、咬、撕，用不同的方法去探索并体验"读"书的乐趣。妈妈还可以把洗澡书按在水底，跟宝宝一起做"沉浮试验"，洗澡由此变成一个欢乐的游戏时光，带给宝宝无限的乐趣。

5. 宝宝七八个月大时，他们开始喜欢探索，喜欢玩"躲猫猫"的游戏，翻翻书能满足他们此时的需求。当他们的小手掀开小窗户或者书上的纸页露出下面藏着的小动物时，他们惊喜万分。等宝宝 12 个月大时，各方面能力发展得越来越强，并对书中的图画产生浓厚的兴趣时，不妨给他一本抽拉书《找伙伴》，当他（她）通过自己的观察和手部动作，把藏在书中的小动物找出来时，他的成就感十足。在把玩这些可爱的玩具书的过程中，小宝宝自然培养出了对书的热爱和兴趣。

6. 书对于 1 岁之前的宝宝来说，就是小巧、坚硬、安全、方便拿和咬的玩具。妈妈不妨多给宝宝选购这类"玩具书"，轻松地让宝宝爱上阅读爱上书。

七、如何为宝宝选择合适的玩具

玩具是孩子童年不可缺少的陪伴。玩具不仅可以给宝宝带来快乐还能锻炼宝宝运动、认知、语言等方面的发展。那么 1 岁内的宝宝究竟适合什么样的玩具呢？

（一）0 ~ 2 个月的宝宝

1 摇响玩具（拨浪鼓等）。摇动拨浪鼓，让宝宝寻找声源，能锻炼宝宝的听觉能力，让宝宝抓握拨浪鼓，摇动能锻炼宝宝的精细动作。

2 音乐玩具。让宝宝倾听声音能锻炼宝宝的听觉能力使他们心情愉悦。

3 活动玩具。能吸引宝宝的视线，追随玩具的活动能锻炼宝宝的视觉能力。

（二）3 ~ 4 个月的宝宝

1 抓握类玩具。通过抓握、摇响能锻炼宝宝的手眼协调能力。

2 婴儿床拱架。悬挂各种玩具，便于宝宝抓握、踢打，能锻炼宝宝的全身动作，手眼协调能力。

3 悬挂玩具。能吸引宝宝的视线，发出声音能锻炼宝宝的视觉、听觉能力。

（三）5 ~ 6 个月的宝宝

1 浴室玩具（包括沉、浮玩具）。洗澡时放在澡盆或浴缸里，便于宝宝抓握，增加洗澡的乐趣，锻炼手眼协调能力和认知能力。

2 积木。认识积木，抓握积木锻炼宝宝的手眼协调能力和认知能力。

3 球类。通过抓握锻炼宝宝的手眼协调能力。

（四）7～9个月的宝宝

1 拉绳音乐盒。捆在婴儿车上，让宝宝学会如何通过拉绳使音乐盒发出声音，锻炼宝宝的手眼协调能力。

2 玩具鼓。随意敲打，满足宝宝手的动作需要，锻炼宝宝的听觉，手眼协调能力。

3 拖拉玩具。通过拖拉，利用玩具上拴的绳把它拉过来，锻炼宝宝解决问题的能力。

4 带盖的盒子或瓶子。通过盖盖子，锻炼宝宝的手眼协调能力。

（五）10～12个月的宝宝

1 爬行隧道练习。爬行、攀登，锻炼身体各项技能的协调能力、大肌肉运动和探索能力。

2 套塔／套杯。把套塔／套杯按照大小套上去，锻炼宝宝的手眼协调能力大小概念。

3 球。通过滚球、踢球，锻炼宝宝的大肌肉运动。

4 玩具琴。随意按键，根据音乐做动作满足宝宝手的动作的需要，通过听觉刺激培养手眼协调能力。

八、如何为宝宝选择合适的音乐

通过音乐对宝宝的大脑刺激，产生一些不同的反应，对宝宝的听觉很有帮助，所以音乐也是一种很好的早教方法。0～1岁的宝宝，应该听一些简短押韵，有趣明了的歌曲，有利于这个阶段宝宝的语言发育。

（一）可以给宝宝经常听一些民歌、儿歌，有节奏感、优美、欢快的歌曲，晚上宝宝睡前唱催眠曲，在播放音乐时还可以同步进行亲子活动：

1 抱着宝宝站镜前，随音乐节拍轻轻摇晃宝宝的身体，当音乐改变时，变动活动方式。

2 抱宝宝在怀内，随节奏翩翩起舞。

3 为宝宝洗澡或更换衣服时，也可作为共享音乐的时光，随着音乐节奏拍按摩宝宝肌肤，活动一下宝宝的小腿和上肢。

4 模仿并鼓励宝宝尝试随着音乐做舞蹈动作或哼唱。

（二）0～1岁婴儿歌曲推荐

1.《小娃娃》

小娃娃，嘴巴甜，喊爸爸，喊妈妈，喊得奶奶笑掉牙。

2.《小宝宝》

小宝宝，怀里抱，一逗他一笑，再逗他还笑，老逗他老笑。

3.《点点窝窝》

点点窝窝，宝宝笑一笑，两个小酒窝。

4.《洗澡》

娃娃洗澡澡，肥皂变泡泡，泡泡散开喽，娃娃干净喽。

5.《喝牛奶》

小宝宝，喝牛奶，喝了又喝还不饱，抱着奶瓶舔舔舔。

6.《吃豆豆》

吃豆豆，长肉肉，不吃豆豆精瘦瘦。

7.《外婆桥》

摇、摇、摇，一摇摇到外婆桥，外婆真爱我，叫我好宝宝。

8.《我是好宝宝》

小鸟自己飞，小鸟自己跑，我是好宝宝，不要妈妈抱。

9.《学走路》

乖宝宝，学走路，一二、一二迈大步。不怕黑，不怕摔，真是妈妈的好乖乖。

10.《鸟儿妈妈》

秋天到，树叶飘，鸟儿妈妈追着跑，它把树叶当宝宝。

11.《乖宝宝》

小鸟自己飞，小马自己跑，我是乖宝宝，不要妈妈抱。

12.《睡午觉》

枕头放放平，花被盖盖好。小枕头，小花被，跟我一起睡午觉，看谁先睡着。

九、如何做亲子游戏，让宝宝更聪明

在我们生活中，可以根据宝宝的个体发育情况，开展一些亲子游戏，不但能够形成亲密的亲子关系，还可以在游戏的过程中，给宝宝更多的体验和锻炼，智力也得到一定开发。

科学研究已经证明新生宝宝是具有一定"学习"能力的，这种学习能力主要表现在天生的模仿本领。用眼睛看是学习，用耳朵听是学习，手舞足蹈也是学习。当宝宝吃饱之后处于安静清醒的状态时，如果有人在距离宝宝20厘米左右的位置，宝宝的眼睛会注视着他的表情。如果此时宝宝对面的人慢慢地重复张嘴或者吐舌头的动作，宝宝也会学着张开小嘴，甚至在嘴里移动自己的舌头，逐渐开始各种各样的模仿动作。妈妈可以注意观察一下宝宝的兴趣，教会宝宝噘嘴、微笑等"本领"，逐渐使宝宝的这种学习能力得到提升。

科学研究还证明，宝宝出生后半年内接受的感官刺激和运动量将会影响到宝宝今后的学习兴趣和态度。接触周围新事物的机会越多，储存在大脑中的信息就越多；早期得到的刺激越多，储存在大脑中的刺激记忆就越多。这些信息和记忆会在宝宝逐渐长大的各个阶段更多地激发其探究各种事物的好奇心，并促使宝宝不断地在大脑中积累信息、丰富经验。因此，作为新手爸妈要努力做到以下几点：

1. 宝宝周围的环境中必须要有能够刺激宝宝感觉和视觉的东西。

2. 陪伴宝宝，让宝宝充分地活动。

3. 父母尽可能多地与宝宝的身体产生接触，让宝宝通过各种声音和语言获取刺激和信息。

简单地说，就是要从感觉、运动、语言三个方面同时开发宝宝的大脑。新手爸妈在认识到了宝宝早期发展所需要的基本条件的基础上，顺应宝宝早期的发育规律，不断地给予宝宝感觉上、运动上和声音上的良性刺激，宝宝就能将获得的各类信息转化成促进生长发育的各种正能量，从而促进宝宝的身体和神经系统更早更快地协调发展。

十、宝宝为什么喜欢"躲猫猫"

宝宝长到 5 ~ 6 个月的时候，会对"躲猫猫"这种游戏很感兴趣，这是因为宝宝的智力发展到了一个新的水平。在这之前，宝宝认为东西只要从眼前消失了就不会存在了。但到了 5 ~ 6 个月的时候，宝宝的大脑中已经建立起"物体存在"的基本概念，即玩耍的对象（人或物）实际存在，不会发生本质的变化。这一概念的建立，为宝宝进

 新手妈妈你知道吗？

一步探索玩耍对象、发展新智力概念打下基础。"躲猫猫"游戏不仅有利于宝宝发展积极情绪，而且有利于宝宝大脑中表象的形成和想象力的发展。

十一、要不要给宝宝剃胎头

很多地方有给满月宝宝剃胎头的习俗，觉得这样等宝宝长大以后头发会长得更加浓密。但是这样做是合理的吗？给宝宝剃胎头其实不是一件容易的事儿，因为宝宝会很不配合，而且宝宝颅骨比较软、头皮柔嫩，稍有不慎就会损伤头皮。宝宝抵抗力弱，皮肤的自卫能力不强，头皮受伤之后，常可能导致头皮发炎或形成毛囊炎，甚至影响头发的生长。因此，宝宝最好在 3 个月以后再理发。

十二、使用学步车可以帮助宝宝学步吗

7～8 个月的宝宝应该练习爬行，扶着站立和迈步。学步车名为学步，实则不能达到学步的目的。

1. 学步车将婴儿固定在其内，使婴儿失去了大运动锻炼的机会。学步是需要力气的，而坐在学步车里的宝宝需要活动时，可以借助车轮毫不费力地滑行，缺乏真正的自主锻炼。

2. 宝宝的骨骼中含胶质多、钙质少，骨骼柔软，而学步车的滑动速度过快，宝宝不得不两腿蹬地用力向前走，时间长了，容易使腿部骨骼变弯形成罗圈腿。

3. 学步车赋予原本不擅移动、不知危险的婴儿以快速运动的能力。坐在学步车中宝宝每秒的移动距离可达 1 米，孩子的头部所占比重大、较重，又暴露在车身架的外面，缺乏安全保护，增加了意外伤害的风险。

4. 宝宝是通过接触、抓握、敲敲打打、扔等学习认识物体，自由的探索有助于宝宝智能的发展，学步车限制了宝宝自由的活动，剥夺了宝宝学习的机会，影响了宝宝智力的发育。

新手妈妈你知道吗？

第七节　安全

一、如何保证宝宝的安全

（一）居家安全

建议婴幼儿单独睡婴儿床，拉上安全护栏；睡眠时尽量仰卧；以减少"婴儿猝死综合征"的风险。喂养时抱起婴儿，喂养后让婴儿右侧卧位，以避免溢乳后吸入或窒息。家中有人感冒不能接触宝宝，感冒的妈妈喂奶要及时佩戴口罩。

（二）食品安全

母乳喂养注意乳房清洁和手卫生。挤出的母乳存放至干净的容器或特备的"储奶袋"中，25℃～37℃可以保存4小时，15℃～25℃可以保存8小时，2℃～4℃可以保存24小时，-18℃以下可以保存3个月。喂养前用温水加热至40℃左右；建议使用40℃的温开水配制配方粉，配制好的奶液应立即食用，未喝完的奶液建议尽快丢弃，在空气中静置的时间不应超过2小时。避免为婴幼儿提供易导致吸入或窒息的食物，如果冻、瓜子等。

（三）外出安全

保障婴幼儿旅行和户外安全，婴幼儿乘车使用汽车安全座椅，并避免坐在汽车前排，避免将婴幼儿单独留在车内。

（四）心理安全

让宝宝与母亲建立安全的依恋关系，避免任何对婴幼儿的忽视、体罚、虐待、暴力或威胁行为。

新手妈妈你知道吗？

第五章

1~2 岁

第一节 科学喂养

一、要喝多少奶

继续母乳喂养，白天和夜晚多次哺乳，配方奶 400 ~ 600 毫升。平均一天 500 毫升，早晚各一次，一次 250 毫升左右。除了奶粉外，应该以辅食为主，可以先添加米粉，一次 1 ~ 2 勺，每天 1 顿，吃奶时间要与辅食间隔 3 小时左右，一个月以后变成 2 顿，可以添加水果泥、蔬菜泥、鸡蛋。

二、宝宝需要补钙吗

钙是人体内含量最多的矿物质，大部分存在于骨骼和牙齿之中。钙和磷相互作用，可制造健康的骨骼和牙齿。钙还和镁相互作用，维持健康的心脏和血管。

（一）中国营养学会推荐的钙日摄入量

年龄：0 ~ 6 个月 钙日供给量：300 毫克

年龄：7 ~ 12 个月 钙日供给量：400 毫克

年龄：1 ~ 3 岁 钙日供给量：600 毫克

 新手妈妈你知道吗？

（二）生理功能

1. 构成骨骼、牙齿的主要成分。

2. 降低神经肌肉的兴奋性，维持心肌的正常收缩。

3. 降低毛细血管和细胞膜的通透性。

4. 参与凝血过程。

（三）主要来源

海产品如鱼、虾皮、虾米、海带、紫菜等，豆制品，鲜奶以及酸奶、奶酪等奶制品，蔬菜中的金针菜、胡萝卜、小白菜、小油菜等，另外，鸡蛋中含钙量也较高。

（四）为何补了钙还是缺钙

因为单纯补钙并不能增加宝宝对钙的吸收。要在维生素 D 的帮助下，钙才能被顺利地被吸收到体内。由于日常膳食中所含的维生素 D 并不多，而宝宝每天的需要量是 400 国际单位，因此 2 岁以内的宝宝每天还要补充适量的鱼肝油。

（五）补钙一定要遵医嘱

给宝宝过量补钙会导致钙中毒，中毒患儿可出现呼吸深而有力、烦躁不安、恶心呕吐、嗜睡、口唇发白或青紫等症状，严重的可发生昏迷，抢救不及时甚至会危及宝宝生命。

三、合理安排宝宝的餐次和进餐时间

（一）1～2 岁宝宝一天的食谱

1. 上午

8：00：母乳或配方奶 150 毫升，营养粥 1 小碗。

10：00：酸奶 50 毫升，蒸红薯或蔬菜饼或小肉卷 1 小块。

12：00：软米饭 45 克，营养菜 50 克，菜叶汤 55 克。

2. 下午

3：00：水果适量，蛋糕或其他小点心一块，母乳或配方奶 150 毫升。

6：00：软米饭或小米粥或面 100 克，营养菜和汤 50 克。

3. 晚上

9：00：母乳或配方奶 200 毫升。

每天一次给宝宝喂适量鱼肝油，并保证饮用适量白开水。

四、养成良好的进餐习惯

想要培养宝宝好的饮食习惯，爸爸妈妈首先要养成好的饮食习惯，不要忽视父母的榜样作用。

1. 让宝宝和大人一起用餐，可以促进宝宝的食欲。

2. 增加每餐的食物种类，如各种蔬菜、肉、蛋、米面、粗粮、鱼虾类等，另外还可以增加每餐的颜色搭配，用色彩增加宝宝吃饭的欲望。

3. 吃饭的时间要固定。

4. 可以选择健康的零食，要减少零食中糖和脂肪的含量。

5. 让宝宝养成多喝水的习惯，牛奶、酸奶每天都要喝，少喝果汁，不喝碳酸饮料。

6. 不要只是给宝宝吃所谓高营养的食物。

7. 不要在饭桌上评论饭菜，不要宝宝还没吃，就说这个菜太甜、太辣之类的话。

8. 尊重宝宝的饭量，不要强迫宝宝吃饭，或者喂太多零食。

9. 不能满足宝宝不合理的饮食要求，不给宝宝吃快餐。

五、如何培养孩子对吃饭的热情

宝宝对于专属于自己的东西总是有很大的兴趣。

1. 在宝宝学会独立吃饭后，为宝宝准备一套图案可爱、使用方便的专属餐具，可以在很大程度上提高宝宝的用餐欲望，使宝宝对吃饭变得热爱起来。

2. 在保证营养均衡的前提下妈妈还可以多花点心思，改变烹调方法，为宝宝做些创意新颖、色香味俱全的饭菜，以此来取代宝宝平常吃的米饭、面条等主食，为宝宝换换花样，也能有效地激起宝宝吃饭的兴趣，使宝宝在吃饭的时候变得专心起来。

3. 如果让宝宝参与了做饭的过程，宝宝对吃饭将抱有更大的热情，吃饭的时候也能变得更专心。

4. 多鼓励宝宝吃饭的热情，同时做好宝宝的好榜样。

六、宝宝没有食欲怎么办

1. 宝宝饮食量常常时多时少，爸爸妈妈不能将他（她）吃得多的那次作为衡量宝宝食欲好坏的标准。而是要用几天的时间，仔细观察宝宝的日均进食量，只要宝宝的饮食在平均值附近，体重增加正常，就说明宝宝的生长发育没有问题，他（她）的平日里大多数的饮食量也是正常的，而不是因为"挑食"而吃不多，这个问题，应该弄明白。

2. 零食是造成宝宝食欲不佳的一大原因，所以两餐之间不要给宝宝零食，让他（她）保持饥饿感，才会好好吃饭，更不会出现挑食的情况。但如果宝宝不吃饭的原因是感觉饭菜不对胃口，爸爸妈妈可以把饭菜拿走，等饿到下一顿，他（她）就会"饥不择食"了。另外，在宝宝好好吃饭的时候，应多多鼓励他。

3. 全家一起吃饭的气氛是很有感染力的。当宝宝发现家人吃得有滋有味时，也会嘴馋。开始时餐桌上要有一两样他（她）爱吃的菜，然后逐渐增加食物种类，宝宝会慢慢接受其他食物而不挑食了。

4. 再好的东西也会吃腻，宝宝更是这样。因此不要发现宝宝喜欢吃哪道菜，哪道菜就成了餐桌上的常客。可以在三餐中选一餐做他（她）最喜欢的食物，而另外两餐则选其他食物。这样可以让宝宝有新的尝试。

5. 竞争的力量不可小看，尽管这些招数有些老套，但用它对付3岁以下的宝宝确实是管用的，一句"看谁吃得快"常常可以让宝宝大口吃下他（她）平时不喜欢的食物。

6. 食物混搭也有效果，爸爸妈妈可以将宝宝喜欢和不喜欢的食物混在一起，如宝宝不爱吃菜，但爱吃饺子，那就做盘蔬菜猪肉的饺子；不爱吃水果，但爱喝酸奶，那就把水果拌到酸奶里。开始时，宝宝不爱吃的食物所占比例应少些，以后慢慢增加就可以。

7. 满满一盘子食物，在宝宝眼里犹如庞然大物，看着就饱了。所以给宝宝的食物应换成"儿童装"。

8. 厨房对宝宝具有巨大的吸引力，各种颜色和形状的食物，都能让他感觉新奇。让他帮爸爸妈妈侍弄他不喜欢的食物，吃的时候他也会格外卖力。

9. 宝宝天生就喜欢吃甜的食物，但甜食吃得多常导致宝宝肥胖、影响食欲、损害宝宝牙齿健康等。所以爸爸妈妈应做到：减少购买甜食，尽量购买高营养的甜食，规定宝宝吃甜食的量但让他们自己选择在什么时间吃。

10. 吃饭的时候，还可以给他（她）一把小勺，让他（她）自己动手吃，这也是让宝宝爱上吃饭的高招。

七、汤拌饭好吗

现在很多小孩子都不怎么喜欢吃饭，因为大米饭没什么味道，小孩子也不喜欢咀嚼没有味道的食物，为了不影响孩子的营养与健康，很多家长为了让孩子吃饭都选择给孩子喂汤泡饭，这样饭就有了味道，小孩子喜欢吃，而且小孩子不需要怎么咀嚼就可以直接吃进去了，一举两得，因此汤泡饭这个方法被很多家长采用。然而汤泡饭吃多了真的对孩子的身体健康有利吗？

答案是否定的。汤泡饭本身不仅没什么营养，而且对小孩子的肠胃损伤也很大，长此以往孩子的健康不仅没有保障，也会养成孩子的不良习惯。小孩吃汤泡饭，容易造成以下不利影响：

1. 吃汤泡饭会不利于孩子的发育。不管你的汤多有营养，用汤泡成的饭，饭的总体容量会比实际增加许多，这样就会给人一种吃了很多的错觉，小孩子吃进去汤泡饭后家长一般就不会再给其他东西吃了，小孩子也会暂时有一种吃得很饱的感觉。但其实汤泡饭并没有什么营养，小孩子吃进去后身体实际摄入的营养远远达不到身体发育的需要，如果经常吃汤泡饭，孩子每天摄入的营养量就会减少，一直处于营养不够的状态，到最后就会影响其生长发育。

2. 经常吃汤泡饭不利于孩子牙齿的发育和健康。大多数妈妈选择喂养孩子汤泡饭的很大原因是汤泡饭不需要孩子花费很多时间去咀嚼，这样宝宝既吃饱了饭，也节省了大人很多时间去做其他事情。虽然汤泡饭确实有利于孩子吞咽，但是这也同时减少了孩子吃饭用牙齿咀嚼的时间，咀嚼次数一旦减少，孩子的唾液也会分泌减少，缺少唾液清洗口腔的作用，宝宝的牙齿就会缺少唾液的保护，更有利于细菌对牙齿的侵袭，导致宝宝长蛀牙或者其他更严重的情况，最后会引起牙齿疼痛，然后宝宝更会吃不下饭了。另外，用牙齿咀嚼的动作对孩子牙齿的健康发育是有利的。吃东西时的上下咀嚼运动可以促进孩子牙齿、面部甚至骨头的正常发育，促进面部及牙周血液循环，促进孩子五官的正常发育。如果缺少牙齿咀嚼运动的锻炼，严重的话可能会导致宝宝面部及骨头发育畸形，影响孩子一生的美丽，也会让孩子丧失很多机遇。

3. 经常吃汤泡饭会不利于孩子的消化。因为汤泡饭有利于孩子的吞咽减少孩子咀嚼的动作，胃肠分泌的消化液并没有很好地感受到来自口腔的反射，没有经过牙齿咀嚼切割的食物整块地进入消化道，会刺激胃肠分泌大量的消化液来消化食物，大幅度增加了胃肠道的负担，也不利于食物的消化吸收。如果胃肠道一直被这样整块的食物刺激，孩子的胃会很不舒服，相应的想吃东西的欲望就会减少。

吃汤泡饭从各方面来讲都不利于孩子的健康，希望各位家长尽量不要为了节约时间就盲目地喂孩子吃汤泡饭，多一点耐心，多想想办法，不要急于求成。

八、推荐母乳喂养到 2 岁

婴幼儿喂养，尤其是出生后最初 6 个月的纯母乳喂养，是儿童营养的重要基础。保护、支持和促进婴幼儿时期的合理喂养，是控制和降低营养不良的关键措施。婴幼儿时期喂养主要包括母乳喂养、辅助食品（以下简称"辅食"）添加及辅食营养补充、特殊情况下的喂养指导等。世界卫生组织（WHO）推荐的婴幼儿最佳喂养方式为从出生到 6 月龄的纯母乳喂养，此后继续母乳喂养至 2 岁或 2 岁以上，同时自婴儿 6 月龄开始，及时、合理、适量且安全地添加辅食和进行辅食营养补充，以满足婴幼儿的营养需求。

第二节　睡眠照护

一、宝宝要睡多久

1~2岁的宝宝每天应睡12~13小时，夜间睡9~10小时，白天睡1~2小时。要注意让宝宝睡自己的小床，提前30分钟准备睡觉，并营造出温馨舒适的睡眠环境。

二、准点睡觉让宝宝更聪明

晚上睡觉不准时，容易干扰宝宝的睡眠节律，容易导致睡眠不足，影响大脑的可塑性。同时，宝宝的生长发育离不开生长激素的分泌，生长激素分泌得越多，孩子长得越快。生长激素的分泌又和时间有着密不可分的关系。只有在深度睡眠时才会发生，所以睡得越迟，分泌的生长激素就越少，对孩子的身高越不利。因此，建议孩子9点前睡觉，保证生长激素的正常值。这样才能让孩子长得高、长个快，比熬夜的孩子更聪明！

第三节　宝宝的日常护理

一、排便训练

当宝宝的大脑神经系统发育逐渐成熟，对膀胱、直肠的充盈开始有了感觉，能够主动控制大小便了，这时就是训练排便的最佳时期。研究表明，宝宝2岁左右就能自主控制排便，可以进行如厕训练了，这个时间并不是绝对的，有的宝宝20个月左右就可以开始训练，有的则需要等到27个月，而且男孩可能比女孩要晚。家长不必严格遵循推荐的时间，而应尊重宝宝的发展规律，等他（她）准备好了再开始。研究发现，如厕训练开始的时间较晚，宝宝反而能更快地自主如厕。

家长应注意捕捉宝宝能够自主排便的信号，包括：

1. 宝宝穿着纸尿裤排便后，会感觉不舒服而向家长寻求帮助。

2. 宝宝开始对家长如厕表现出兴趣。

3. 宝宝有自己拉下或提上裤子的能力。

4. 宝宝清醒时，纸尿裤能保持1~2小时的干爽。

当宝宝出现了可以开始接受如厕训练的信号，家长可以通过告诉宝宝自己上厕所是长大了的表现，以引起他（她）对独立如厕的兴趣。带宝宝去买儿童坐便器，不要选择功能太多、过于花哨的坐便器，以免如厕时分散注意力。让宝宝熟悉坐便器。家长可以将脏纸尿裤扔

进坐便器中，帮宝宝将坐便器与排便建立联系；也可以和宝宝一起阅读关于如厕训练的绘本。在习惯未养成之时，宝宝有时尿湿了裤子，父母不能因此责备宝宝，大多数宝宝能够比较顺利地完成日间如厕训练，但要完成午睡或夜间训练，可能需要半年甚至更长的时间。如厕训练是一个循序渐进的过程，家长要保持轻松心态，耐心等待，正确对待宝宝训练过程中出现的失误。

男女宝宝训练大小便有区别，女宝宝的训练主要由妈妈来完成，男宝宝的训练由爸爸言传身教。宝宝的便盆最好放在卫生间或宝宝自己的房间，上完厕所后，把他（她）带到水池边，让宝宝自己洗手，养成便后洗手的卫生习惯。

二、宝宝大小便的观察

不同年龄的宝宝，尿量和排尿次数不同，年龄越小按体表面积计算越多，因为小儿新陈代谢旺盛，年龄越小热能和水代谢越活跃，而由于膀胱较小，故排尿次数较多。1 ~ 3 岁宝宝 24 小时平均尿量 500 ~ 600 毫升。增加辅食后宝宝的大便次数可减少，过 1 周岁，大便次数即可减少到 1 天 1 次。

三、怎样给宝宝清洁口腔

清洁口腔的方法很简单，对吸吮、吞咽正常的宝宝，在长出第一颗牙的时候就可以开始清洁口腔了，给婴幼儿期的宝宝"刷牙"，父母洗手后用指套刷或纱布缠绕在手指上，蘸上干净水，轻轻地"打扫"宝宝口腔，包括

牙床和舌苔。早晚各 1 次，就像刷牙一样。随着宝宝牙齿出得越来越多，精细运动发育得越来越成熟，家长就要教宝宝进行刷牙，宝宝 2 岁半时乳牙基本出齐，恒牙一般到 6 ～ 7 岁才长出。在清洁口腔这件事情上，家长要起到表率作用，指导宝宝保护乳牙。2 岁的宝宝最好每天刷牙 2 次，睡前一定要刷牙，给宝宝用柔软的小牙刷，教他（她）上下，内外均要刷干净，家长可以和宝宝一起刷牙，让他（她）模仿刷牙，有时家长可以帮助刷一次，使他（她）体会如何刷牙才能使牙齿干净。3 岁左右的宝宝可使用不含氟的牙膏，每次牙膏量像绿豆大小即可。2~3 岁宝宝应看一次牙科医生，全面检查一次牙齿，判断有没有牙齿问题，并接受口腔卫生保健教育。

新手妈妈你知道吗？

第四节　健康监护与保健

一、该月龄的宝宝身高体重参考指标

表5-1　1~2岁男童身高（长）标准值

单位：厘米

年龄	月龄	-3SD	-2SD	-1SD	中位数	+1SD	+2SD	+3SD
1岁	12	68.6	71.2	73.8	76.5	79.3	82.1	85.0
	15	71.2	74.0	76.9	79.8	82.8	85.8	88.9
	18	73.6	76.6	79.6	82.7	85.8	89.1	92.4
	21	76.0	79.1	82.3	85.6	89.0	92.4	95.9
2岁	24	78.3	81.6	85.1	88.5	92.1	95.8	99.5

表5-2　1~2岁男童体重标准值

单位：千克

年龄	月龄	-3SD	-2SD	-1SD	中位数	+1SD	+2SD	+3SD
1岁	12	7.21	8.06	9.00	10.05	11.23	12.54	14.00
	15	7.68	8.57	9.57	10.68	11.93	13.32	14.88
	18	8.13	9.07	10.12	11.29	12.61	14.09	15.75
	21	8.61	9.59	10.69	11.93	13.33	14.90	16.66
2岁	24	9.06	10.09	11.34	12.54	14.01	15.67	17.54

表5-3　1～2岁女童身高（长）标准值

单位：厘米

年龄	月龄	−3SD	−2SD	−1SD	中位数	+1SD	+2SD	+3SD
1岁	12	67.2	69.7	72.3	75.0	77.7	80.5	83.4
	15	70.2	72.9	75.6	78.5	81.4	84.3	87.4
	18	72.8	75.6	78.5	81.5	84.6	87.7	91.0
	21	75.1	78.1	81.2	84.4	87.7	91.1	94.5
2岁	24	77.3	80.5	83.8	87.2	90.7	94.3	98.0

表5-4　1～2岁女童体重标准值

单位：千克

年龄	月龄	−3SD	−2SD	−1SD	中位数	+1SD	+2SD	+3SD
1岁	12	6.87	7.61	8.45	9.40	10.48	11.73	13.15
	15	7.34	8.12	9.01	10.02	11.18	12.50	14.02
	18	7.79	8.63	9.57	10.65	11.18	13.29	14.90
	21	8.26	9.15	10.15	11.30	12.61	14.12	15.85
2岁	24	8.70	9.64	10.70	11.92	13.31	14.92	16.77

二、宝宝的发育达标吗

从1岁到2岁，宝宝经过12个月的成长，发生了很多变化。您将看到宝宝开始变得不像婴儿，而更像是一个发育中的幼儿。宝宝开始掌握新的运动技巧，争取独立性。在这个阶段，您不仅会见证宝宝生理发育，也会看到宝宝的独特品格开始萌芽。

（一）身体发育

在这12个月中，您的宝宝会发生一些重大变化。在很短的时间内，他们可能会从爬行到走路；您一不留神，他们可能尝试爬楼梯并且在没有任何帮助的情况下穿行过您的家。

★ 关键特点

1 粗大运动技能：大多数婴儿在 12 个月之前迈出第一步，并且在 14 或 15 个月大时可自己行走。

2 精细运动技能：到 18 个月，您的宝宝可能学会从杯子中喝水，用勺子吃饭，并且帮助自己脱衣服。

3 主要亮点：在 1~2 岁时，您可能会见证您的宝宝从挣扎走路到学习如何踢球并开始跑步的全过程。

（二）情感发展

您 1 岁的宝宝将开始尝试在很多方面独立。他们可能坚持试着自己穿衣服，尝试新的身体技能。但是，当他们感到疲倦、害怕或孤独时，也可能会紧贴并寻求您的安慰。当您的宝宝满 2 岁时，您可能会看到一些挑衅行为，不必生气，因为他们在坚持做自己想做的事情，即使你说"不"。

★ 关键特点

1 遇到不熟悉的情况或人有害羞或紧张反应。

2 模仿其他人。

3 在某些情况下有恐惧情绪。

对部分家长来说，处理分离焦虑可能是很困难的事情。您可能为了避免送孩子去日托时的情绪崩溃而选择在孩子看不到时"偷偷溜走"，但是我们建议您最好不要这样做。因为从长远看，意外消失可能会使您孩子的焦虑情绪恶化。相反，给孩子一个吻，向他们保证您很快就会回来，这样做效果会好很多。另外，用过长的时间说再见也会使情况变得更糟，所以尽量保持您和孩子之间例行告别尽量简短，让孩子安心。

（三）社交发展

虽然您可能会注意到您 1 岁的宝宝对陌生人更加警惕，但您也会看到他（她）和人交流的意愿特别强烈，特别是和兄弟姐妹以及平常的看护进行交流。您的宝宝可能会因为看到其他孩子而感到兴奋。在大多数情况下，1 岁的宝宝更喜欢在其他孩子旁边玩，而不是与他们一起玩。但是，您可能会看到您的孩子开始和其他孩子一起玩游戏的萌芽。

★ 关键特点

1 在读故事书时间，递给您一本书。

2 玩"躲猫猫"和"拍拍手"等游戏。

3 显示对父母或某个看护的偏爱。

（四）认知发展

当宝宝的认知开始发展时，您可能会看到一些重大变化。在 12～24 个月之间，宝宝可能会开始给书中的东西取名，如猫或狗。他们还可以玩简单的假想游戏，并显示出更好的遵循指示的能力。

（五）语音与语言

在宝宝 1 岁时，他们仍然可能依赖非语言交流策略，例如指，做手势或扔物品。但早期婴儿谈话的咕咕声和尖叫声更加清晰可辨，并且用"da""ba""ga"和"ma"等发音代替。宝宝会慢慢开始把这些发音组合成可识别的单词，同时能够理解您说的话。

在宝宝的第二个生日之前，他们可能会说两到四个单词组成的简单句子，并在您说出简单的物品名称时指向该物品。

（六）玩

在这个年龄段，游戏对宝宝的发育非常重要。1岁的宝宝发现自己身体的灵巧性，他们渴望认知附近的物体。摇晃或敲打乐器以及有杠杆、轮子和活动部件的玩具都很受欢迎。积木玩具是大多数孩子喜欢的玩具，特别是您允许宝宝推倒你们一起搭建的积木塔楼。

推车玩具可以带来很多乐趣。坚固的物体将有助于您的宝宝在开始练习新的运动技能时保持平衡。

三、发育迟缓有哪些表现

发育迟缓主要特指孩子在发育早期的粗大运动和精细动作、语言理解和表达、认知、个人和社会发展、日常生活活动等发育指标存在显著延迟。那么1~2岁的婴幼儿发育迟缓有什么表现呢？

（一）运动发育迟缓

运动发育是指身体肌肉在控制人体进行动作以及姿势的一种能力，当这种能力明显落后于同龄儿童，则为运动发育迟缓。如1岁的宝宝不能扶物从坐位变成站立位，不能扶物弯腰捡物，不能自由从坐位变换为趴位的姿势，不能扶家具走，一岁半宝宝不能从独站位下蹲捡物，不能扶栏杆上台阶，不能僵硬地跑，不能扔球或踢球；2岁宝宝不能扶栏杆下楼梯，不能有目的踢球1~2米，不能独脚站2~3秒等。

（二）精细动作发育迟缓

精细动作是指个体主要凭借手以及手指等部位的小肌群运动，在感知觉、注意力等心理活动的配合下完成的动作，如抓、捏、拍、拧、撕等，如此类动作明显落后于同龄儿童正常发育水平则为精细动作发育迟缓，表现为1岁宝宝不能将玩具从杯里拿出来再试图放入杯中，不能灵活使用拇、示指捏取小物体，不能拿蜡笔。一岁半宝宝不能搭2～3层积木，不能将玩具从杯或桶内取出来，不能拿笔乱画。2岁宝宝不能搭4～6层积木，不能拿笔画道道，不能盖瓶盖等。

（三）语言发育迟缓

语言发育迟缓是指各种原因引起的儿童口头表达能力或语言理解能力明显落后于同龄儿童的正常发育水平，主要表现为1岁宝宝不能喊"爸爸、妈妈、奶奶等"，不能理解带养人的手势，不能识别出日常生活中的物品如奶瓶、鞋子、小床、灯光等，一岁半的宝宝不能按指令指出身体各个部位，除了喊爸爸、妈妈外不会运用其他的2～3个词，不能将两个不同的字组合成词语，不能理解大人发出的简单口头指令，发音不清楚或不能正确地发音，2岁宝宝不能使用短语或不完整的句子，不能用语言表达自己的需求等。

（四）个人和社交发育迟缓

个人和社交是指宝宝个人生活能力以及面对外界环境做出的不同反应的能力。婴幼儿个人社交发育迟缓主要表现为1岁宝宝对陌生人或陌生环境产生极度焦虑感，不能与大人玩躲猫猫游戏，不会运用拍手等社交手势，不会使用手势来与大人交流；1岁半宝宝不会模仿动作或行为，遇事不懂得寻求大人的帮助，不会独立拿勺子舀食物到嘴里或自己吃饭一片狼藉；2岁宝宝不能融入集体游戏，不会发展出想象性游戏，不能脱、穿简单的鞋袜等。

四、宝宝要接种哪些疫苗

1-2岁，宝宝要接种哪些疫苗

种类	疫苗	预防疾病	免疫程序	接种方法	接种禁忌证	常见预防接种反应及注意事项
免疫规划疫苗	百白破疫苗	百日咳、白喉、破伤风	18～24月龄加强1剂	肌内注射，0.5毫升	发热及急性传染病患者，有癫痫、神经系统疾病、惊厥史及有过敏史者。	局部可有红肿、疼痛、发痒、硬结；可有低热、疲倦、头痛等无需特殊处理，如有严重反应及时诊治。
	麻腮风疫苗	麻疹、腮腺炎、风疹	18～24月龄加强1剂	皮下注射，0.5毫升。	发热、患严重疾病、急慢性感染、免疫缺陷者；对新霉素过敏者。	一般无反应，少数可出现一过性发热或皮疹，一般2天内自行缓解，必要时可对症处理。
	甲肝减毒活疫苗	甲型肝炎	18～24月龄1剂	皮下注射，0.5毫升、1毫升。	发热、急性传染病或严重疾病患者、免疫缺陷及过敏体质者。	少数可出现局部疼痛红肿、72小时内可自行缓解，无需特殊处理，必要时可对症治疗。
非免疫规划疫苗	水痘疫苗	水痘	12月龄接种第1剂	上臂三角肌皮下注射。	已知对疫苗成分过敏者，妊娠期妇女，有脑病、未控制的癫痫和其他进行性神经系统疾病患者禁用；急性、严重发热性疾病患者应暂缓接种。	偶有一过性发热、局部红肿或皮疹发生，一般无需治疗可自行缓解，反应严重者请及时就医。

非免疫规划疫苗	13 价肺炎	预防肺炎球菌血清型：1、3、4、5、6A、7F、9V、14、18C、19A、19F 和 23F 引起的侵袭性疾病（包括菌血症性肺炎、脑膜炎、败血症和菌血症等）。	12～15 月龄加强 1 剂	幼儿为上臂三角肌，肌肉注射。	（国产）已知对本品所含任何成分，包括辅料、破伤风类毒素等过敏者。（进口）对本品中任何活性成分、辅料或白喉类毒素过敏者禁用。处于发热、急性病、慢性病急性发作期者应暂缓接种本品。	全身：发热、腹泻、哭闹、咳嗽、恶心 / 呕吐、乏力 / 嗜睡、变态反应、肌肉痛局部：发红、肿胀、疼痛、硬结、瘙痒、疹（注射部位）。
	轮状病毒疫苗	轮状病毒所致的婴幼儿腹泻	2 月龄～3 周岁婴幼儿，每年一次。	口服	身体不适、发热，腋温 37.5℃以上者，急性传染病或其他严重疾病患者，免疫缺陷和接受免疫抑制治疗者禁用。	偶有低热、呕吐、腹泻等轻微反应，多为一过性，一般无需特殊处理，必要时对症治疗。
	甲型肝炎灭活疫苗	甲型病毒性肝炎	18 月龄以上人群接种 2 剂次，间隔 6 月。	上臂三角肌肌肉注射	对疫苗的任何一种成分过敏者或前一次接种后有过敏反应者禁用，严重急性发热性疾病患者暂缓注射。	常见为局部接种部位疼痛、皮肤发红或低热为主，一般不需要特殊处理，反应严重者请及时就医。
	B 型流感嗜血杆菌疫苗	B 型流感嗜血杆菌引起的疾病	18 月龄时加强 1 剂	上臂三角肌肌肉注射或深度皮下注射	对疫苗中任何成分过敏者及既往接种 b 型流感嗜血杆菌疫苗后有过敏症状者禁用，患急性严重发热性疾病推迟接种。	接种后 48 小时内局部发红、肿胀和疼痛，发热、食欲不振、烦躁不安，呕吐及异常哭闹。

续表2

非免疫规划疫苗	五联疫苗	百日咳、白喉、破伤风、脊髓灰质炎和b型流感嗜血杆菌引起的侵入性感染。	18～24月龄进行1剂加强免疫	上臂三角肌	对本品的任一组分或对百日咳疫苗过敏，或是以前接种相同组分的疫苗后出现过危及生命的不良反应者、患有进行性脑病者、以前接种百日咳疫苗后7天内患过脑病者禁用；发热或急性疾病期间必须推迟接种。	可能出现发热、注射部位触痛、红斑和硬结，呕吐、食欲不振、嗜睡、易激惹，异常哭闹等，一般不需特殊处理，如有严重反应及时就医。
	四联	百日咳、白喉、破伤风和b型流感嗜血杆菌引起的侵入性感染。	18～24月龄加强免疫1剂次	上臂三角肌肌肉注射	对疫苗成分过敏或者以往接种相同组分疫苗出现过敏反应者、接种后3天内发生抽搐伴有或不伴有发热者、接种后7天内发生脑病但又无其他原因可以解释者等禁用；发热或急性疾病期间必须推迟接种。	发热或注射部位疼痛、红肿和硬结等，一般不需特殊处理即自行消退；如有严重反应及时就医。

五、宝宝有扁平足，要治疗吗

足为下肢最远端器官，起着支撑体重和力量传递的作用。足弓是具有弹性和收缩性的拱形结构，是人体直立、行进以及负重过程中的关键触地装置，具有支撑体重、缓冲震荡、保护足底、杠杆的作用。

扁平足是指足底与地面接触面积过大的一种足部形态，扁平足常并发足跟外翻和足内侧纵弓的高度降低。扁平足分为生理性和病理

性。生理性扁平足是柔
韧的、常见的、良性的，
是正常的变异。1～2
岁阶段一般都是生理性
扁平足，因为此时足心
脂肪多，足底肌发育没
有成熟，韧带松弛，下
肢肌力尚在发育，尤其

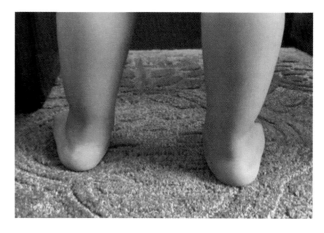

是刚刚学习站立和行走的幼儿，想要稳定双脚分开，进而导致脚底变宽，几乎多为平足。

近几年扁平足的发病率不断升高，但通常这个年龄段的平足是不需要治疗的，但是如果有以下几种情况需要及时就医：

1. 站立和行走时明显的足部内侧受力，外侧缘翘起，不负重时足心没有凹陷。也就是我们常说的足外翻。

2. 僵硬性扁平足趾无论在负重或非负重条件下，足弓都存在塌陷或消失。多数由先天性骨骼发育异常造成的。

六、宝宝有"O"形腿或"内八字"，要治疗吗

胎儿在妈妈肚子里时，整个身体呈蜷缩状，双腿和双脚都是环形呈"O"形形状，在出生后的一段时间内仍旧会保持这种弧度。等到宝宝学会走路、跳跃，下肢承受的重量会逐渐增加。随着负重应力作用，为了适应生理需求，宝宝下肢就会进行自我调整。

"O"形腿俗称罗圈腿（医学上称膝内翻）指的是直立时两足踝部靠拢、双腿和膝关节放松时，双膝关节内侧的距离增大，O形是一种骨骼的变形，在站立的位置时，只有脚踝接触，膝盖分开，这种变形的腿型像字母O。"O"形腿通常在幼儿第二年是很常见的，双

  新手妈妈你知道吗?

下肢呈对称的弯曲状，没有疼痛、关节僵硬和其他全身的表现。

当然，也并非所有的"O 形腿"（膝内翻）都是属于生理性的，不妨从以下几个方面简单判断下：

1 两膝关节间距离较大。

2 双侧不对称。

3 身材矮小、面容异常、智力低下等，如有则应该提高警惕。

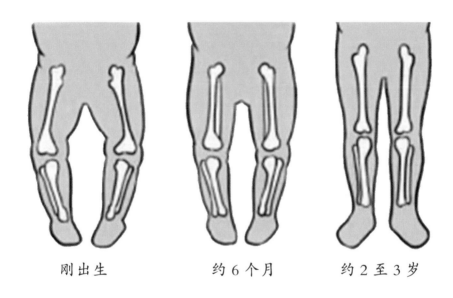

刚出生 　　　　　约 6 个月 　　　　　约 2 至 3 岁

1 ~ 2 岁幼儿"内八字"有部分属于生理性的，不需要特别干预，孩子也不会受到影响；"内八字"是临床表现，是下肢力线的扭转变化，表现为在步态中脚或脚趾指向靠近中线，通过病史和体格检查，可确定扭转原因，一般走内八字的儿童也喜欢"W"坐姿，建议儿童避免"W"坐姿，并鼓励在髋最大外旋时采取"盘腿坐"。不建议反穿鞋子，易导致儿童拇外翻。

常见因素：

1 遗传、先天因素：父母有"内八字"的，孩子更容易出现这种情况。先天因素多由于胎儿期胎位不正所引起，这种畸形可独立存在，也可以与先天性马蹄内翻足同时出现。

2 骨骼或神经等系统疾病：婴幼儿期缺钙、足踝关节发育不良等。由于宝宝体内缺钙，骨骼本身的含钙成分就低，再加上行走和站立时对骨骼的压力，容易使双侧骨髋关节出现向外分的现象，形成"内外八字"脚。

3 后天性因素：常见于过早站立、学步，使用学步车等导致孩子下肢不当承重，脚部力量不够，站立及学步时，双脚便自然地分开，使脚底面积加宽以增加力度来防止跌倒，结果产生双脚自然分开的姿势。

4 家长过度保护，孩子缺少户外活动，没有掌握走或跑的正确姿势，下肢缺少应有的练习，导致下肢发育不良，特别是腿部和踝关节的力量不足。

七、宝宝出现哪些表现，应该找儿科医生检查

如果孩子已经 1 岁以上了，可以正常吃喝睡，有规律的玩耍时间，一般来说没有必要立即找医生。然而，如果直肠温度 39.4℃或更高，且持续超过 24 小时，即使孩子没有其他不适，最好也去看医生。

特别注意：如果孩子在发生高热的同时出现情绪激动（看起来似乎受了惊吓，"看见"并不存在的物体，说话很奇怪），应该立即联系儿科医生（特别是当这种情况过去没有出现过）。这些症状有可能随着体温恢复正常而消失，但医生仍然会考虑为孩子仔细检查一下，确定高热不是由其他更严重的疾病引起的，例如，脑组织的炎症（脑炎）或覆盖在大脑和脊髓上的脑膜出现了感染（脑膜炎）。

  新手妈妈你知道吗？

第五节　回应性照顾

一、该月龄宝宝已有哪些情绪

婴幼儿从出生开始就有哭、静、四肢蹬动等情绪表现。美国心理学家伊扎德通过研究发现，新生儿具有惊奇、伤心、厌恶、最初步的微笑和兴趣这5种不同的情绪。婴幼儿的情绪在成长与环境的影响下逐渐分化与丰富。在5～6周，婴幼儿的社会性微笑开始出现，即由照料者的面孔、声音、活动所引起的微笑；3～4个月，婴幼儿能表现出愤怒和悲伤的情绪；6～8个月，婴幼儿表现出对主要照看者的依恋及分离焦虑，并表现出对陌生人的焦虑等。1岁半左右，随着自我意识、交往以及认知的渐渐发展，产生了羞愧、自豪、骄傲、内疚、同情等更高级、更复杂的情感。

二、该月龄宝宝一哭就要抱吗

12个月以后，孩子的啼哭真正逐步变得有意识起来。他们开始知道怎么利用哭声来控制大人了，而且通过前半年的练习和声带的发育，他们对哭声的控制更加娴熟，不仅会大哭，还会尖叫，变着调子哭，以此来表达自己的情感。这个时候才需要注意，不能被孩子的哭声所控制，不能孩子一哭就抱。

三、建立安全型亲子依恋，
发展良好的亲子关系

婴儿与父母的安全依恋的形成和发展还需要父母有意识地、科学地与孩子相处。

（一）要注意在"母性敏感期"母子的接触

在孩子刚出生后的第一个小时内，妈妈正处于"母性敏感期"。这期间，孩子处于清醒的状态，妈妈对孩子的需要也非常敏感。孩子的哭是一种信号，为了引起妈妈喂奶、亲吻、拥抱的行为。妈妈也会主动安抚孩子，这是亲子之间建立安全依恋关系的第一步。

（二）与孩子之间要保持经常的身体接触

身体接触主要涉及到人体的触觉系统。父母与孩子在亲密接触时的体温能够抚慰孩子的情绪，缓解身体的不适，给孩子带来一种安全感。另外，父母与孩子亲密的拥抱、亲吻、牵手等身体上的交流也是一种爱的表达。

（三）要对孩子发出的信号及时做出反应

由于孩子身心发展的独特性，不能够直接用语言表达他们的各种需要，父母要敏感地通过孩子发出的行为信号判断行为的原因，给出及时、积极、恰当的反应。比如，当孩子哭闹时，父母要分辨是因饥饿而哭，还是因为困倦而哭。

（四）要尽量避免与孩子的长期分离

孩子与父母的长期分离会造成孩子的"分离焦虑"，并且随着时间的推移，孩子会逐渐淡化对父母的依恋，甚至会导致亲子之间长期失去感情。如果在婴儿6～8个月时亲子之间长期分离，错过了这个关键时，孩子对父母的依恋就难以形成。

四、可以斥责宝宝吗

斥责就是当宝宝不能按照自己的意图行事时，看护人语气尖锐地加以责备，以此劝导宝宝按照自己的要求去做。对于刚满周岁的宝宝，妈妈的斥责应该只限于专门制止孩子瞬间行为的目的。宝宝不能按妈妈的意愿做事而被斥责，在这个年龄段中，往往因为对宝宝的期望过高，宝宝还不能完全做好这件事情。比如说宝宝不能告诉妈妈自己要大小便，斥责宝宝也没有用，因为在这个年龄阶段宝宝还不能出色地完成这件事情。训斥孩子是不好的，你的训斥会在宝宝的心中落下阴影，经常被斥责这种阴影积累在他的意识中，最终会变成一种无意识的性格，长大以后也会变得脾气不好。这一问题虽然很重要，但一般的父母往往忽略了。长大的孩子常常被说性格像妈妈、爸爸甚至奶奶，实际上并不是遗传，而是一种潜移默化。

五、宝宝做错了事，该如何进行合理的管教

随着宝宝的手脚能自由地活动，就会做出各种各样"淘气"的事儿。在宝宝看来，"什么都想做"是为了验证自己的能力。不管是给妈妈带来了麻烦还是开心，对宝宝来说都是尝试，他们不懂什么是好、什么是坏。因此，不管宝宝做什么都不制止而放任不管是不对的。最好是让宝宝早些知道，在行为方面，哪些是妈妈喜欢的，哪些是妈妈不喜欢的。对于妈妈的情感变化，宝宝从小就很敏感。虽然宝宝还不能判断什么是好坏，但妈妈是高兴还是生气，10个月的婴儿已经能感觉到了。

六、您的宝宝喜欢打人吗

2～3岁的宝宝，父母经常碰到的一个现象是孩子打人、咬人的问题。很多时候妈妈会说：我已经想尽一切办法让宝宝停止打同伴，甚至处罚宝宝，打他屁股。尽管当时宝宝认了错，但到了第二天又完全忘了，又开始打玩伴。宝宝出去常有"打人"的动作，特别是稍微大一点，有了力气以后的宝宝很容易把对方打疼。其实这是许多宝宝成长过程中的必经之路。两岁的宝宝打人，并非有恶意，父母不宜使用惩罚的方法来教育。积极的做法是加强宝宝语言培训，让宝宝学会用正确的语言表达自己的感受。因此如果父母处理得当，宝宝会改正。

七、您的宝宝喜欢大发脾气、在地上打滚吗

（一）表现

当宝宝受到挫折或个人的某些要求未得到满足时，宝宝大哭大闹、用头撞墙、破坏物品；坐在地上不起来；满地打滚；撕扯自己的头发。

（二）原因

1 神经系统发育不完善、不成熟，其情绪反应往往不稳定，在需求不能满足的情况下，容易发脾气。

2 发脾气现象如果没有给予正确的应答，则会得到不断强化，甚至导致经常暴怒发作。

3 父母或者祖父母不断满足儿童的各种要求，使儿童缺乏自我调整情绪的能力，长此以往养成习惯，一旦条件无法满足，则出现发脾气甚至暴怒。

4 受挫折、要求不满足后发脾气，家长的让步是显著的强化。

5 被忽视，为了更多获得家长或抚养人的关注。

 新手妈妈你知道吗？

（三）宝宝生气情绪的发展过程

1 2~6月龄特征性哭闹，通过哭声来辨别宝宝的情绪。

2 7个月，不仅通过哭声，还可以通过面部表情来辨别宝宝的情绪。

3 24月龄，宝宝的发育到达一个阶段，可以通过简单的语言来表达我不高兴。

4 2~3岁，情绪表达常伴有攻击性行为，即打人、推人、发脾气，甚至暴怒发作。

5 学龄儿童用正确的语言、表情，不同环境用不同方式表达情绪。

（四）处理过程

1 爸爸妈妈要告诉宝宝学会正确的方式表达自己的情绪，为什么喜欢？为什么要买？如果你真的非常喜欢，那么你需要怎么准备，达到什么要求？多少小红旗或者小红花，妈妈就会满足你，这样就会形成一种良性循环。

2 结合我们的行为治疗：让宝宝学会适当的等待，很想要很想生气的时候，要等一等，要调控自己的情绪，跟妈妈好好去说；暂时隔离法：如果宝宝已经开始暴发了，这个时候要采取暂时隔离法，在保证安全的情况下，忽视宝宝打滚的行为；把宝宝带到一个安全、空旷的地方，等宝宝的情绪平静下来，再跟他（她）讲这个事情。暂时隔离法适用于2~3岁以上的宝宝，3岁3分钟，4岁4分钟，依此类推。

3 注意：一定不能在宝宝脾气暴发到一定阶段放弃或满足宝宝的要求，这样只会进一步强化其行为。

八、您的宝宝有吸吮手指、咬指甲等重复行为吗

一位妈妈发现，宝宝总是喜欢吸吮手指，拿开又放进去，有时强行拿开还会大笑，妈妈为此苦恼不已。

（一）原因

1 生理反射演变而来：不能把自己从客体中分离出来，宝宝认为吃手指是我生活的一部分，就是应该这样。

2 宝宝被忽视，家里人都在忙着自己的事，宝宝一个人玩，或者很饥饿，哭闹过后没有得到满足，只能吃手指来安慰自己。

3 紧张害怕等情绪问题。

4 入睡习惯培养不当：早早让宝宝睡觉，可是宝宝还不想这么早睡，就会去吃手指、啃指甲找别的事做。

（二）临床表现

1 长时间吃手指会使手指变粗、变大。

2 局部感染。

3 下颌发育不良。

4 牙齿咬合异常。

（三）处理方法

1 及时解除可能引起宝宝情绪进展和焦虑的诱因。

2 纠正不良喂养习惯，勤剪指甲。

3 厌恶疗法：手指上涂苦味剂、酸味剂。

4 习惯矫治训练：通过其他的事情吸引宝宝的注意力。

 新手妈妈你知道吗？

九、您的宝宝有挑剔进食、喂养障碍等喂养进食问题吗

（一）挑剔进食

儿童对食物的种类有特殊的偏好，有的宝宝不喜欢吃蔬菜或者肉类，对自己喜欢的食物毫无节制，对自己不喜欢的食物则一概拒绝。

1. 这种情况出现的原因可能是

1. 微量元素铁和锌缺乏。缺铁会造成贫血，贫血的宝宝常常会出现食欲不好、挑食、偏食的情况。锌的缺乏同样容易出现挑食，甚至会有异食癖的出现，将不能吃的东西当成能吃的。

2. 家长的影响。食品种类选择、制作单一，食物质地不符合儿童需要，辅食添加时间错过味觉、咀嚼发育关键期，模仿父母等家人饮食习惯。

2. 挑剔进食的治疗

1. 营养评估及指导。对宝宝进行体格生长全面评价，判断是否存在营养不良；监测是否缺乏微量元素如铁；必要的实验室检查，根据结果相应处理。

2. 进食行为指导。避免分心，不要在用餐时间看电视、讲故事和玩玩具；规定进食时间，25 ~ 30 分钟，两餐间隔时间尽量大于 3 小时；逐步引入与年龄相适的新食物；鼓励宝宝进食，允许与年龄相符的狼藉；体验饥饿，获得饱感（限制零食、餐前饮料）；营造快乐的进食氛围。

3. 家庭进食环境改善。父母的榜样作用，陪宝宝一起吃；不强迫进食；良好的进食氛围，不打骂责备。

4. 行为疗法。认知疗法：告知宝宝挑食的危害，尽量取得宝宝的配合。系统脱敏疗法：耐心逐步引入新食物。强化疗法：对爱吃的食物少给一点，对宝宝不喜欢吃的多鼓励、多表扬，有计划地尝试不喜欢的食物，从不吃到吃，从少吃到多吃。饥饿疗法：通过体力劳动使宝宝感到饥饿后先给他（她）不喜欢的食物，再给他（她）喜欢吃的食物，逐步调整比例。

（二）喂养困难／喂养障碍

喂养困难／喂养障碍表现为宝宝食欲缺乏、挑食、恐惧进食，而家长则强迫其进食，最终宝宝体重增长缓慢或下降。

1. 病因

（1）食物因素：来源是否可靠、种类是否丰富、搭配是否合理、制作是否恰当等。

（2）儿童本身特点：

1 难养型气质：如容易哭闹且不容易安慰；很敏感且怕生，在陌生的环境中很难快速融入；脾气很大，很容易出现各种各样的情绪失调。

2 进食技巧发育不良：吞咽或咀嚼功能发育异常导致的喂养困难。

3 不良的进食经历：疼痛、恶心，或者某些宝宝因为疾病做过喉镜或插管，都会造成宝宝不良的记忆，不敢再进食。

4 器质性疾病：急慢性、发育性疾病，如脑瘫的宝宝本身的吞咽功能就不好，孤独症的宝宝早期也会表现得喂养困难。

5 儿童与家长互动不良：宝宝一顿没有吃完有些家长就会很担心，觉得每一顿都必须吃完，这样势必也会使宝宝很焦虑。

2. 喂养困难的治疗

1 针对病因，尽早进行治疗。

2 如果营养情况严重甚至需要住院营养支持治疗。

3 进食技巧训练：改善姿势，身体稍微前倾，下颌稍微后缩，更有利于吞咽；咀嚼功能锻炼，找专业的治疗老师教咀嚼功能锻炼的方法，包括口腔肌肉的按摩。

 新手妈妈你知道吗？

4 行为疗法：改善抚养者行为，改强迫性的喂养为应答性的喂养；对于特别恐惧进食的宝宝，我们可以更换餐具、更换进食的时间及地点，让宝宝以一个全新的状态、放松的心情去进食。也可用口腔运动训练、正强化疗法等帮助宝宝进食。

十、回应性照顾，我们该怎么做？

1. 继续母乳喂养，白天和夜晚频繁哺乳。

2. 让孩子用自己的盘子或碗吃饭，能够比较清楚地看出孩子吃了多少食物。

3. 给孩子准备多种食物，如蔬菜、动物来源食物、水果、豆类。

4. 家人和孩子坐在一起吃饭，同时给孩子耐心和积极的表扬与鼓励。

1 在孩子习惯的环境里陪伴孩子。

2 孩子应该尽可能和家人一起进食，创造有利于孩子社会性和情感发育的氛围。

3 调整吃饭的座位，让养育人能够看到孩子的脸。

4 表扬孩子练习吃饭的努力，以及具体的进食行为。

5. 观察、倾听和用语言回应孩子的信号，顺应这些信号，不要与孩子对抗。

1 给孩子足够的时间适应辅食，新食物需要多次尝试，孩子可能最初不会马上喜欢或接受新食物。

2 当孩子表示拒绝进食或对食物不感兴趣的时候，养育人不要忽略孩子发出的信号，不要强迫孩子进食或威胁、打骂孩子。

3 如果孩子拒绝某种食物，可以给孩子另一种食物，或停下来跟孩子说话，告诉孩子你对这种食物的喜爱。

6. 允许孩子参与进食。

1 鼓励孩子自己进食。

2 给孩子足够的时间自己吃饭。

3 给孩子手抓食物吃，但需确保大部分食物能吃进嘴里。

4 鼓励孩子用自己的方式拿勺子吃饭，对不同质地的食物感兴趣，观察不同颜色的食物。

7. 平时与孩子多进行互动。

1 在洗手的时候与孩子进行互动。

2 准备干净、安全和色彩鲜艳的物品，如木头勺子或塑料碗让孩子伸手去够、触摸、敲打和摔落。

3 跟孩子玩"躲猫猫"的游戏，告诉孩子食物或人的名字。向孩子示范如何用双手动作表达，如"再见"。

8. 细心照顾患病儿童。

1 识别儿童生病的体征，并及时回应，进行安抚。

2 如果患病的孩子食欲不好，鼓励孩子少食多餐，不要禁食。

3 鼓励孩子吃多种喜欢的软烂食物。病愈之后至少在两周的时间里增加食物和进食次数，用于追赶生长。

4 孩子在患病期间增加液体摄入，包括母乳和其他液体。

新手妈妈你知道吗?

第六节　早期学习

一、该月龄宝宝语言启蒙

12 ～ 18 个月，宝宝能够听懂更多的日常一步指令，逐渐识别自己身上的 3 ～ 4 个身体部位，开始发展象征性游戏，即"过家家"，语言表达处于单词阶段，可通过说话和手势与他人交流。18 ～ 24 月，能听从两步的相关指令，如"去房间把你的帽子拿过来"。能理解更多的动词，如"吃、玩、喝、开、抓"等。24 月龄，宝宝的词汇大约有 50 个，处于短语阶段，即开始组合词语。能模仿说 2 ～ 3 个词长的短语。

1 ～ 2 岁，宝宝可以慢慢走路，随着活动范围的扩大，他（她）看到、摸到、感受到的东西更多，他（她）对人、物品感兴趣，可以通过场景、物体、声音相关联来增强宝宝的语言能力。先从称呼开始，再到物品，逐渐到动物、动词。

二、该月龄宝宝运动训练

一般来说，宝宝从 11 个月的时候开始学走路，到 1 岁半就能顺利走路。有的孩子晚一些，可能要到 2 周岁才能走平稳。宝宝到了 1 周岁，还不会走路，有的家长会着急。对于智力、骨骼和肌肉发育正常的宝宝，只要经常户外活动，到一定年龄自然会坐、会走。通常到了 1～2 岁，所有的孩子都不需要扶就能顺利走路。如果宝宝过了 2 岁还不能顺利走路，就要去医院检查是否存在生长迟缓问题。

对于处于感知觉阶段的一两岁宝宝来讲，通过身体充分地感知外界是成长需要。宝宝要大力发展感知觉，就需要积极与周围的环境互动。互动方式主要是眼睛看、耳朵听、鼻子闻、皮肤接触等。宝宝要建立空间知觉，就要用身体去丈量，爬进去、钻出来、蹦过去、够下来、推来推去是最常见的方式。

三、该月龄宝宝每日身体活动时间

1～2 岁，宝宝在各种强度的身体活动中至少要花费 180 分钟，包括中等到剧烈强度的身体活动，全天分布；多则更好。

活动时间每次不超过 1 小时（例如手推童车 / 婴儿车、高脚椅或缚在看护者的背上），也不可长时间坐着。坐着时，鼓励与看护者一起阅读和讲故事。保持 11～14 小时的优质睡眠，包括打盹、有规律睡眠和唤醒时间。

四、如何为宝宝选择合适的图书

一岁多的宝宝随着动作能力的发展，他们越来越好动，该如何选择适合他们的图书呢？

（一）形式有多种——可以玩的图书

有一类绘本其操作性很强，宝宝可以一边读一边玩，也叫作玩具书，这样的玩具书种类也非常多，如触觉书、布艺书、折叠书、拼图书、画画书等。挑选这类书的时候，比较精致的立体书容易被宝宝损坏，因此在挑选时要考虑材质是否耐用以及亲肤，同时要看缝合线是否牢靠；另一方面，父母也要保持良好心态，大胆地给孩子操作和探索的机会，发展孩子触感和动作能力。

（二）内容有讲究——别忽略行为规范类绘本和启智类图书

宝宝学会走路和说话后，动和说的欲望会大大增强，在这个时候逐渐给孩子建立良好的行为规范也是父母不容忽视的部分。同时，宝宝学会说话后，学习知识的方式也慢慢在整体学习中加入表达部分。因此可以选择一些告诉宝宝怎样做的行为类绘本和认识世界、学习知识的启智类绘本。

（三）还有这作用——不可忽视的心像类图书

一岁以上的宝宝开始慢慢懂得物体是永久存在的。当物体不在眼前时，宝宝能在心里描绘出物体的样子，就是所谓的心像了。在挑选绘本时可以挑选翻翻书和有洞洞的书，鼓励孩子自己去翻一翻，也鼓励宝宝在操作、阅读的同时记忆物体的形状和颜色。父母也可以和宝宝一起玩绘本躲猫猫的游戏。

（四）阅读建议

1 一岁的宝宝们依然十分渴求父母的关爱，因此在亲子阅读时父母可以环抱着宝宝，增进情感交流。

2 在亲子阅读时，父母可以引导宝宝观察图片，探索细节。

3 宝宝非常喜欢父母和他们一起阅读，喜欢聆听父母的声音，听父母讲故事。阅读时，父母的语言要柔和、缓慢、清晰，讲述故事和情景的时候可以配合动作表演和丰富的表情，充分地体现绘本故事的魅力内涵。

4 宝宝喜欢读色彩艳丽、形象卡通的图书，但是他们还不能接受重叠和比较复杂的图像，因此在选择图书时可以选择一些图像较为整体、独立、清晰的绘本，所配文字通俗易懂且没有与图画重叠。

5 建立专门的阅读时间，创造安静、和谐、共读的阅读环境。在阅读前后，父母应鼓励宝宝自己取书和放书、爱护书本，培养宝宝良好的阅读习惯和行为规范。

五、如何为宝宝选择合适的玩具

根据 1 ～ 2 岁宝宝的年龄特点，选择有利于促进宝宝语言、认识和动作发展的玩具。

（一）提高宝宝对事物认知的玩具

如色彩形状分类玩具、拼图、七巧板、小画板等。

（二）培养宝宝动手能力和协调能力的玩具

1 **能发声的玩具**

如有声的绘本、小钢琴、小吉他、风铃、智能机器人等。

2 **工具类模型玩具**

如儿童厨房设备，像面包机、小锅、小铲子；或者挖掘机、铲车模型玩具；还有听诊器、脉搏器、急救箱模型玩具等。

1~2 岁的宝宝尽量选择色彩鲜艳的玩具，可以刺激宝宝的视觉神经，增强对颜色的认知。

六、如何为宝宝选择合适的音乐

（一）对于宝宝来说，听音乐可以很好地帮助其增强模仿能力、语言能力、提高专注力、听觉记忆力以及听觉辨识力，并且音乐能够刺激大脑皮质的活动，促进大脑和感觉器官的发育，提高孩子的思维能力和想象力，增强和恢复记忆力，促进智力的发展和提高。那么对于 1 ～ 2 岁的宝宝，我们要如何选择适合他们的音乐呢？

 新手妈妈你知道吗？

1 歌曲健康积极向上的音乐，不限题材。

2 节奏鲜明欢快的音乐，锻炼孩子的韵律感。

3 歌词简单，容易发音，旋律重复度高的音乐，提高孩子的听觉记忆和语言能力。

（二）1~2岁的宝宝，开始注重倾听音乐，也能感受简单的音乐作品。推荐如下：

1 增强记忆力的音乐：德尔德拉的《回忆》、舒曼的《童年情景》。

2 发展宝宝创造力的音乐：德彪西的《月光》、莫扎特的《小星星变奏曲》。

3 培养宝宝感知能力的音乐：维瓦尔第的《春》、帕格尼尼的《钟》。

4 培养宝宝思维能力的音乐：柴可夫斯基的《花之圆舞曲》。

5 提高宝宝节奏感的音乐：穆索尔斯基的《鸡雏的舞蹈》、亨德尔《F大调水上音乐组曲》。

6 促进身体协调能力的音乐：哈恰图良的《军刀舞曲》、肖邦的《小狗圆舞曲》。

（三）宝宝听音乐注意事项

1 给宝宝听音乐的时候，选择的曲目不要在短时间内频繁更换，每一首歌曲都要让宝宝有足够的适应和了解时间。

2 规律性的音乐可以帮助宝宝形成良好的生活规律，早晚播放不同的音乐，让宝宝对早晚的规律有更清晰的认识。

3 给宝宝听音乐的时候，不要忽视家人声音对宝宝的作用，家人的不同声音对宝宝的听觉发育有着重要的作用。

音乐没有国界，我们用音乐传递情感，宝宝在听的同时也可以提高语言表达能力。只要选择合适的音乐，不论是多大的宝宝，都可以用心体会到歌曲背后的情感与意义。

七、如何做亲子游戏，让宝宝更聪明

1～2岁宝宝的亲子游戏，不要让宝宝自己玩，家长要多陪宝宝做互动，多沟通，多做游戏。这样可以更好地促进宝宝的身体和大脑的发育，增加亲子感情。

今天总结整理了一些在家就能完成的亲子游戏内容，学起来吧！

（一）独走

爸爸妈妈距离3～4米远，用语言或者玩具引导宝宝去找爸爸、找妈妈。可以锻炼宝宝独立行走的能力。

（二）滚球或踢球

球是宝宝必不可少的玩具，妈妈和宝宝可以坐着玩滚球或递球，宝宝会走路了可以让宝宝练习踢球。

（三）学穿鞋袜

宝宝会穿衣服了，现在可以学穿鞋袜。先穿袜子：将袜口叠到袜跟、提住袜跟将脚伸进袜子至袜尖，足跟贴住袜跟，再将袜口提上来。这种穿法能使足跟与袜跟相符，穿得舒服。然后开始学穿鞋：大脚趾最长，在脚的里侧，把两只鞋尖的一侧对放在一起，让宝宝认出哪一只鞋应穿左脚、哪一只应穿右脚。反复练习后，宝宝就能熟练地自己穿上鞋袜。

（四）记住家人名字

告诉宝宝家里每个人的名字，然后在游戏中复习。比如妈妈先问爸爸的名字："×××在吗？"宝宝会说在，然后去叫爸爸；如果问

爷爷奶奶的名字，宝宝会说不在，他们要星期天才在。之后妈妈与宝宝互换，宝宝问，妈妈答，看宝宝是否能顺利念出家里人的名字。熟悉这个游戏后，还可以把家里的电话、地址及爷爷奶奶等常有联系的亲人的电话让宝宝背诵出来。

（五）倒水、学兔跳

找两个酸奶瓶，让宝宝把其中一个装满水然后倒入另一个瓶内，尽量不让水漏出。熟练之后，再让宝宝将小碗中的水倒入瓶内而不泼洒。

双手放在头的两侧，伸出中指和食指装扮成耳朵，双足离地向前跳，比比谁跳得远。可以一边跳，一边念童谣："小白兔，白又白，两只耳朵竖起来！"

（六）了解身体部位

宝宝已经认识了很多的身体部位，现在要让宝宝知道每个部位的作用了。

妈妈和宝宝坐在一起，一边对宝宝说话："我用眼睛来看东西，用耳朵来听声音，用嘴巴说话和吃饭，用鼻子闻香味和臭味，用手做事，用脚走路……"边用手指着自己的相关部位，然后让宝宝来重复，眼睛是干什么的，耳朵是干什么的。

（七）帮忙做家务

妈妈可以让宝宝多帮忙拿东西。比如洗澡前要准备东西了，肥皂、拖鞋、梳子、衣服等，宝宝往往一次只拿一种。妈妈可提醒宝宝还要拿什么，并告诉宝宝可以一次性把肥皂和毛巾都拿来。经过几次之后，妈妈只需说一遍所需的东西，宝宝就会主动分配、安排每次取物的数量。

（八）培养睡眠习惯

宝宝睡觉前必须要完成的几件事应形成常规，按次序做完这几件事后宝宝就会意识到自己该睡觉了。如洗漱、上厕所、道晚安、拿着睡前必读的小故事书、关灯等一系列动作，然后等宝宝逐渐入睡后，妈妈方可离开。

八、游泳让宝宝更聪明

婴幼儿在特定的水中自主地进行全身运动，通过水对皮肤、外周血管的拍打、安抚作用，起到增加婴幼儿的肌肉活动强度、调节血液循环的速度、增强心肌收缩力及肺活量等作用。游泳能刺激宝宝全身，促进婴儿大脑皮层快速发育，收到提高智商、情商和加强全身协调反应能力等多种意想不到的效果。医学专家研究也发现，会游泳或进行过游泳锻炼的婴幼儿，比同龄不游泳者智商、情商均高，这些孩子往往表现为聪慧好学、勇于进取、思路敏锐、反应快。但是宝宝游泳爸爸妈妈一定要做好安全保障，提前检查好设备，游泳过程中做好全程监控。

九、滑滑梯让宝宝更聪明

对于小宝宝来说，滑滑梯是美好的童年回忆，为宝宝们的童年增添了不少乐趣。

1. 促进宝宝的触觉发育，让宝宝在玩各式各样的滑梯过程中，体会触觉的不同，促进触觉发育。

2. 滑梯是宝宝对"速度"的最初感受。不同长度、斜度的滑梯给宝宝带来的速度体验是不同的，大多宝宝对速度的最初感受都来自于玩滑梯的过程。借着加速度与骤减速度等提供对前庭系统的刺激，使孩子的神经通路顺畅，在感受速度的增减中，获得无穷的乐趣。

3. 锻炼协调能力，增强身体控制力。从滑梯的过程中，宝宝需要掌握自身平衡和转速，得到了身体协调能力的锻炼。

  新手妈妈你知道吗？

4. 促进运动发展。经常玩滑梯的宝宝平衡能力会很好，因为学习判断自己与地面间的关系，借此来建立平衡感，并形成视觉空间概念，好的平衡力是运动能力的基础。

宝宝玩滑滑梯，遵循安全第一的原则。首先，要为宝宝选择合适的滑滑梯。此外，衣着装备不要有危险。

十、玩沙子让宝宝更聪明

宝宝都喜欢玩沙子，不管在游乐场还是海滩，都可以玩得不亦乐乎。那么，为什么宝宝喜欢玩沙子呢？玩沙子有什么好处呢？

1. 玩沙子可以促进宝宝大脑发育，让宝宝更聪明。玩沙子的时候，用容器铲沙子，用手抓、攥、捏等动作，需要手、眼、肢体的协调才能更准确地完成这些动作，频繁完成这些动作的过程，不仅可以发展宝宝手臂肌肉，促进身体的发育，还能促进大脑发育，让宝宝更聪明。

2. 培养宝宝的兴趣。宝宝在玩沙游戏中，通过自己的尝试和探索，可以感受沙土的性质，获得各种各样的知识。即使宝宝会使劲握、抓，沙子还是会溜走，这个过程可以给宝宝带来特别的感官刺激，培养宝宝的兴趣。

3. 加深亲子之间的感情。陪宝宝一起玩沙子，不仅增加亲子相处时间，增强亲子感情，满足了宝宝的情感需要，还锻炼了宝宝的语言沟通能力。

4. 促进社会交往。沙子吸引着众多宝宝，大家在一起玩，在此过程中，宝宝们相互交流，增进理解。

5. 促进宝宝良好道德情感的形成。宝宝在参加游戏中，往往乐于抑制自己的愿望，自觉地遵守游戏的规则，表现出极大的耐性和超常的毅力，调节和控制自己不合理的需要和动机。在游戏中他们逐步领会公正、合群、团结、协作等要求。

十一、坐摇摇车可能损伤听力

噪音对宝宝听力的损害主要是由声音的强度和时长来决定，有时候即使是 50 分贝的音量，如果暴露的时间过长，也会损害宝宝的听力。如果音量在 80 分贝以上则足以对宝宝的听力造成损害，经常接触，宝宝可能会出现头昏、头痛、耳鸣及记忆力减退。而市面上很多摇摇车，声音都超过 80 分贝，有的甚至在 100 分贝以上，所以经常坐摇摇车可能损伤听力。

十二、宝宝为什么喜欢看手机

1. 一天中宝宝大部分时间都在家里和家人在一起，如果说家人在照顾宝宝的时候也在玩手机，会直接影响宝宝。让他们产生好奇，从而有了模仿行为，一有机会接触，就会发现手机有很多乐趣，从而迷上手机。

2. 宝宝需要陪伴。宝宝是需要陪伴的，需要爸爸妈妈陪他们玩游戏，而不仅仅是生活上的照顾。而手机可以唱歌、可以有可爱的动物、有动画，既满足了宝宝的好奇心，又可以忠实地陪在宝宝的身边，几次下来，宝宝就越来越喜欢手机了。

十三、玩电子产品让孩子更加聪明吗

不得不承认，如今宝宝玩手机、平板已经成为一个社会话题了，电子产品在家庭中越来越普遍，宝宝容易接触到。在开发大脑智力方面，玩电子产品相对于亲子游戏，对手指的应用率降低，弱化了灵

活动手的能力，不利于智力开发。此外，如果宝宝依赖于电子产品，与父母交流减少，不利于语言学习。而且，宝宝听机械的声音多了，往往对身边的语言不敏感，也不愿意开口跟父母交流，不利于宝宝的生长发育。

十四、支持宝宝重复听一个故事、重复做一件事

对宝宝来说，重复是其成长的必经之路，是一种重要的学习和体验方式。宝宝重复做一件事情，一般是对这件事情没有熟练掌握或者心理发展还没进入下个阶段，他们需要不断地重复使自己学会，并记忆得更牢固、认识得更深入。孩子不厌其烦地让家长为他（她）重复讲读某个故事，也有一个非常重要的原因，那就是熟悉的故事，可以让他（她）更有能力去预测接下来的情节发展，这种预测未来事件的能力，会让孩子体验到莫大的成就感，进而增强对自己的信心。在这个过程中，宝宝可以体验到成功和进步的快乐。重复不仅帮助宝宝获得某方面的知识，同时也促进了大脑发育。

十五、支持宝宝对细小物品的兴趣

当儿童的注意力集中在微小事物上的时候，说明孩子的精神生活开始发展。忙碌的成年人忙于征服世界，却忽略了身边环境中的美好和细小事物，而孩子往往成为细小事物的捕捉者，也是他们的眼，发现了我们不曾看到过的奇妙世界。其实这对于每一个成长中的宝宝来说都是非常正常且常见的一种行为，他们小小的眼睛里装着大大的世界，他们也能够发现很多成年人所无法发现的美好。而出现这样的情况，是因为孩子进入到了"微小事物敏感期"，本质上也是孩子自身探索欲发展所带来的影响。

通常宝宝1岁半到2岁的时候，此时就进入了对微小事物的敏

感期，并且会一直持续到 4 岁左右才会结束。在这个特殊的时期，宝宝对于外界大而鲜艳的事物开始视而不见，反而开始对一些细小的东西感兴趣。例如公园里的蚂蚁、地上的头发丝、路边撕碎的纸屑等等，这些成年人不屑一顾的事物，却成了宝宝观察和探索的主要事物。对于宝宝来说，他们观察的角度更加的细致和狭隘，不像成年人那般开阔，越是细小的东西，他们反而能够看得更加清楚，并且沉溺于其中的快乐而无法自拔。

著名的儿童教育专家蒙台梭利是这样解释的："宝宝在观察细小东西的时候，并不是东西本身给他留下了深刻的印象，而是在他注视的过程中，表达了他对于事物的理解和热爱。"这是孩子探索并欣赏周围世界的一种方式，当他们充分理解周围环境中的一切以后，也就会逐渐停止这样的活动。

宝宝观察、捡起、品尝细小物品，是身心各方面发展的需要，我们不能强行制止，在给予支持的同时还要注意做好安全工作。那么，如何抓住这一特殊时期提高宝宝关注小物品的能力？

（一）尊重宝宝的观察兴趣

当宝宝对某种细小的事物产生兴趣的时候，作为父母的我们应该尊重宝宝的观察兴趣，并且不要轻易地去打断和阻止他的探索行为，这样会使得孩子的探索需求得不到满足，从而造成内心的伤害。更加会打击他们去探索微小事物的积极性，从而使得宝宝将来长大后可能变得粗心大意，做事情也不细致。

（二）不要丢弃宝宝的兴趣物

很多父母觉得宝宝是把一些"破烂"捡回了家，其实却忽视了这是孩子感兴趣的东西，随意地丢弃会造成宝宝的内心伤害。尊重宝宝的兴趣，可以找一个专门存放这些小物品的盒子，让宝宝每次把"宝贝们"都放到那里，规则地摆放好。

（三）给宝宝制造"小惊喜"

对于这个时期的宝宝来说，小惊喜是非常容易制造的，可以把一些折好的小星星藏在家里的角落，让宝宝自己去找寻，找到一个小星星可以获得一个奖励。这样一来，既满足了宝宝自身的探索欲望，同时还能够帮助宝宝各项能力的发展和锻炼。

（四）注意身边的危险物

宝宝年纪小，对于身边很多的危险物品缺乏正确的认知和判断能力，这个时候父母就应该多加关注宝宝的行为，防止宝宝接触身边的一些危险物品。例如老鼠药、蟑螂药或者是小包干燥剂等物品，防止宝宝误碰或者是误吞服出现危险。

爸爸妈妈可以帮助宝宝去发现身边的小美好，让宝宝懂得在前进的道路上也要关注周围的细小变化，这其实是一项能力，是可以让宝宝变得更加细心和认真的能力，这也是让宝宝观察力得到更进一步发展的好时机。

十六、宝宝扔东西的习惯要不要限制

宝宝扔东西的行为是和他（她）的动作与认知发展密切关联的。大多数宝宝从 9 个月左右开始会比较经常性地有意识地扔东西。

（一）"扔"意味着身体动作能力的提升

宝宝开始扔东西，首先表示他（她）的上肢力量和动作能力开始逐步发展了。伴随着扔，可能还会出现踢、打等各种不断重复的动作，宝宝这种重复活动在一定程度上锻炼了抓握、找寻、手眼协调、沟通等能力，这是宝宝的身体运动能力全面提升的标志。

（二）"扔东西游戏"能让宝宝感知世界

幼儿的感知是笼统而片面，认识是肤浅而表面。他们对外界事物的认知是依赖于感知印象的，因此宝宝会通过不厌其烦、乐此不疲地重复同一种动作、同一种行为来加深对外界事物的感觉、知觉和认知。也许成年人会非常烦恼，为什么宝宝可以不厌其烦地重复着扔东西这个动作。其实，连续扔东西也属于宝宝感知世界的一个过程。而且，这种重复动作联结着宝宝与你之间的相互关系，自然形成了一种互动，宝宝正是在这种重复的过程中感知着与父母的关系，发展着与父母的感情。

（三）"扔"是邀请你共同游戏的最初信号

"一边扔一边笑，你越捡，他（她）越笑"，这说明了什么？乍看起来很让人苦恼，可是如果从宝宝的角度来看则完全不同，你的加入让他（她）感到很兴奋，他（她）正在从"你捡我扔"的游戏中获得快乐。很多宝宝看着妈妈的眼睛故意扔东西，往往意味着"咱俩玩扔东西的游戏吧"的邀请。与宝宝之间的这种游戏蕴含着教育的契机，应该受到爸妈的重视与配合，并加以顺势引导宝宝对以下衍生知识的掌握。

如果不能正确地解读宝宝的行为，很多行为在成人看来就会成为一种问题行为，是需要被禁止，甚至是要斥责的。当我们了解了宝宝为什么"乱扔"之后，心态就会大不相同。不妨因势利导，既支持他（她）的游戏和探索行为，又进行适当的规则约束。为宝宝选择合适的东西，在合适的场合，陪着宝宝一起扔，同时也要注意安全。

当然，读懂宝宝的行为是教育的前提，既可以和正在探索扔东西乐趣的宝宝开启一段共同游戏的美好时光，又能帮助宝宝意识到在固定的地方、固定的时间才能玩这样的游戏，使宝宝意识到"只有这段时间、在这里可以扔"，避免日后宝宝形成随意乱扔的习惯。

十七、要不要理解宝宝翻箱倒柜的行为

1～2岁宝宝刚学会走路，就迷上了翻箱倒柜，凡是宝宝能打开、够得着的地方，比如说抽屉、箱子、柜子等，他（她）都会到处翻，一件件鼓捣出来，饶有兴趣地玩耍，以满足自己的好奇心。自从宝宝迷上翻箱倒柜后，本来井井有条的家里，现在变成了名副其实的"猪窝"。只要小家伙醒着，家里就不会有一刻的整洁。有些家长会比较恼火，明明为宝宝买了很多玩具，偏偏喜欢到处翻。

（一）为什么宝宝喜欢翻箱倒柜呢

宝宝喜欢到处翻，实际上是在探索未知的新世界呢！宝宝在学会走路前，多在妈妈的怀抱和床上活动，到哪里都受到限制，会走路后，宝宝可以大胆地探索世界了，家里的一切对宝宝来说都是新奇的。当宝宝拉开抽屉时，在宝宝眼里抽屉里原来还有另外一个五彩缤纷的新世界，他（她）会觉得惊奇，原来看起来单调的抽屉，拉开后居然会有另一个与众不同的空间。宝宝在探索的过程中会逐渐建立起空间感观念，会认识更多不同事情的不同功能，了解这些东西对他（她）产生的各种不同感受。这种"探秘"带给宝宝新奇感，促使其义无反顾地翻箱倒柜。

（二）父母应该如何应对宝宝翻箱倒柜的行为呢

为宝宝创造安全的活动环境

父母要把一些比较危险的东西放在高处、宝宝不容易碰到的地方。较低的收纳盒不要放有危险的物品，比如剪刀、刀子、刀片等，也注意不要放贵重的、可以拆卸的小物品，比如戒指、纽扣等，以防宝宝误食。尤其是不能使用食品包装袋去装药物类、化学类物品，宝宝正处于用嘴认识物品的阶段，一旦被宝宝误食，伤害就会很大。

2 **转移注意力**

父母可以用一些比较新鲜的事物来转移注意力，处于这个阶段的宝宝，他们容易被新鲜的事物所吸引，所以父母可以在家里摆放一些不同于寻常的新鲜有趣的物品来以防万一。

3 **父母要尊重宝宝**

作为父母，一定要学会理解和尊重宝宝的这些行为。学会理解，不要因为宝宝把家里翻得乱七八糟而生气，这样更有利于增进亲子之间的感情。这个阶段，是孩子成长的必经之路。

4 **帮助宝宝养成物品归位的好习惯**

在宝宝还小的时候，父母可以直接把宝宝翻出的东西收拾整齐。随着年龄的增长，宝宝能听懂父母的一些话了，父母就需要引导了，如宝宝玩后，父母可以问宝宝"咱们把它放哪里？"或者"它的家在哪里？"引导宝宝将之放回原处。如果宝宝总是只顾玩，玩后不管收拾，父母不妨在玩前就提出条件："玩完以后把东西放回去，这样明天还玩，要不妈妈就不给玩了。"培养宝宝形成一种玩后放回原处的好习惯。

第七节　安全

一、如何保证宝宝的安全

（一）居家安全

保证宝宝处于安全的日常生活环境，避免室内吸烟和有毒有害杀虫剂暴露，家具或儿童活动设施牢固无锐角或带有防护包角，所有药品、易碎尖锐、电源或热源食品物品、化学用品或杀虫剂均置于儿童不能触及的安全处，具有潜在风险的出口均应安装安全护栏（如厨房、楼梯口）。

（二）食品安全

家常食物制备时建议遵循以下原则：保持食物清洁，保存在安全的温度，用洁净的水清洗食品原料，生熟食物分开，食物彻底煮熟。

（三）外出安全

户外活动前注意检查安全风险，如活动设备、设施及活动场所的安全性，避免在具有意外伤害（如受伤、溺水）潜在风险的场所活动，如车道、车库或车旁、水池边等，做好户外虫咬伤或意外受伤的防护准备。

（四）心理安全

保障照护者的心理健康，并具有良好的情绪调控能力和教养，避免向婴幼儿发泄自己的不良情绪；为贫苦和需要帮助的家庭提供必要的经济支持和心理支持；照护者全日观察并参与儿童的活动，注意防止来自家庭或照护机构外部对婴幼儿身体和心理的伤害或虐待。

新手妈妈你知道吗？

第六章

2~3 岁

第一节　科学喂养

一、要吃多少食物

配方奶 400 ~ 600 毫升；谷类食物 125 ~ 150 克；动物性食品 100 克；蔬菜和水果各 150 ~ 200 克；植物油 20 ~ 25 克；建议每月选用猪肝 75 克或者鸡肝 50 克或者羊肝 25 克，分 2 次食用。

2 ~ 3 岁应该每天 3 顿主餐、2 顿加餐。

二、宝宝需要补钙吗

补钙，对于生长发育迅速的儿童来说非常重要。因为钙对宝宝的大脑发育、骨骼发育、牙齿生长等都至关重要。在孩子成长的不同阶段中，需要的钙摄入量是不同的。例如，0 ~ 6 个月的宝宝，每天需要 300 毫克；6 ~ 16 个月，每天需要 400 毫克；1 ~ 3 岁，每天需要 600 毫克；4 ~ 10 岁，每天需要 800 毫克。如果从日常饮食中不能获取足够的钙，就需要补钙。

三、合理安排宝宝的餐次和进餐时间

（一）2 岁 1 ~ 3 个月

2 岁以后，宝宝的营养需求比以前有了较大提高，每天所需的总

新手妈妈你知道吗？

热量达到 5023.2 ~ 5441.8 千焦，其中蛋白质、脂肪和糖类的重量比例约为 1 : 0.6 : (4 ~ 5)。同时，父母要有意识地让宝宝接触粗纤维食物。

上午：8：00、10：00、12：00

下午：3：00、6：00

晚上：9：00

（二）2 岁 4 ~ 6 个月

这个时期的喂哺原则与前阶段近似，每天所需的总热量应达到 5023.2 ~ 5441.8 千焦，其中蛋白质、脂肪和糖类的比例约为 1 : 0.8 : 4.5。有些宝宝已经完成了每天餐点由 5 次向 4 次的转变。

上午：8：00、12：00　　　　下午：3：00、6：00

晚上：9：00

（三）2 岁 10 ~ 12 个月

现在宝宝每天所需的营养比以前略有增加，总热量应该达到 5651.1 千焦左右。宝宝已能够独立进餐，但会有边吃边玩的现象，父母要有耐心，让宝宝慢慢用餐，避免出现进食不当，导致营养不良。

上午：8：00、12：00　　　　下午：3：00、6：00

晚上：9：00

四、养成良好的进餐习惯

想要培养宝宝好的饮食习惯，爸爸妈妈首先要养成好的饮食习惯，不要忽视父母的榜样作用。

1. 让宝宝和大人一起用餐，可以促进宝宝的食欲。

2.增加每餐的食物种类各种蔬菜、肉、蛋、米面、粗粮、鱼虾类等，另外还可以增加每餐的颜色搭配，用色彩增加宝宝吃饭的欲望。

3.吃饭的时间要固定。

4.可以选择健康的零食，要减少零食中糖和脂肪的含量。

5.让宝宝养成多喝水的习惯，牛奶、酸奶每天都要喝，少喝果汁，不喝碳酸饮料。

6.不要只是给宝宝吃所谓高营养的食物。

7.不要在饭桌上评论饭菜，不要宝宝还没吃，就说这个菜太甜、太辣之类的话。

8.尊重宝宝的饭量，不要强迫宝宝吃饭。

9.不能满足宝宝不合理的饮食要求，不给宝宝吃快餐。

五、如何培养孩子对吃饭的热情

宝宝们对于专属于自己的东西总是有很大的兴趣。在宝宝学会独立吃饭后，为宝宝准备一套图案可爱、使用方便的专属餐具，可以在很大程度上提高宝宝的用餐欲望，使宝宝对吃饭变得热爱起来。

在保证营养均衡的前提下妈妈还可以多花点心思，为宝宝做些创意新颖、色香味俱全的饭菜，以此来取代宝宝平常吃的米饭、面条等主食，为宝宝换换花样，也能有效地激起宝宝吃饭的兴趣，使宝宝在吃饭的时候变得专心起来。如果让宝宝参与了做饭的过程，宝宝对吃饭将抱有更大的热情，吃饭的时候也能变得更专心。

六、宝宝吃饭没有食欲怎么办

宝宝饮食量常常时多时少，爸爸妈妈不能将他吃得多的那次作为衡量宝宝食欲好坏的标准。而是要用几天的时间，仔细观察宝宝的日均进食量，只要宝宝的饮食在平均值附近，体重增加正常，就说明宝宝的生长发育没有问题，他的平日里大多数的饮食量也是正常的，而不是因为"挑食"而吃不多，这个问题，应该弄明白。

零食是造成宝宝食欲不佳的一大原因，所以两餐之间不要给宝宝零食，让他保持饥饿感，才会好好吃饭，更不会出现挑食的情况。但如果宝宝不吃饭的原因是感觉饭菜不对胃口，爸爸妈妈可以把饭菜拿走，等饿到下一顿，他就会"饥不择食"了。另外，在宝宝好好吃饭的时候，应多多鼓励他。

全家一起吃饭的气氛是很有感染力的。当宝宝发现家人吃得有滋有味时，也会嘴馋。开始时餐桌上要有一两样他爱吃的菜，然后逐渐增加食物种类，宝宝会慢慢接受其他食物而不挑食了。

再好的东西也会吃腻，宝宝更是这样。因此不要发现宝宝喜欢吃哪道菜，哪道菜就成了餐桌上的常客。可以在三餐中选一餐做他最喜欢的食物，而另外两餐则选其他食物。这样可以让宝宝有新的尝试。

竞争的力量不可小看，尽管这些招数有些老套，但用它对付3岁以下的宝宝确实是管用的，一句"看谁吃得快"常常可以让宝宝大口吃下他平时不喜欢的食物。

食物混搭也有效果，爸爸妈妈可以将宝宝喜欢和不喜欢的食物混在一起，开始时，宝宝不爱吃的食物所占比例应少些，以后慢慢增加就可以。

满满一盘子食物，在宝宝眼里犹如庞然大物，看着就饱了。所以给宝宝的食物应换成"儿童装"。

厨房对宝宝具有巨大的吸引力，各种色和形状的食物，都能让他感觉新奇。让他帮爸爸妈妈侍弄他不喜欢的食物，吃的时候他也会格外卖力。

宝宝天生就喜欢吃甜的食物，但甜食吃得多常导致宝宝肥胖、影响食欲、损害宝宝牙齿健康等。所以爸爸妈妈应做到：减少购买甜食；尽量购买高营养的甜食；规定宝宝吃甜食的量但让他们自己选择在什么时间吃。

吃饭的时候，还可以给他一把小勺，让他自己动手吃，这也是让宝宝爱上吃饭的高招。

第二节　睡眠照护

一、宝宝要睡多久

2 ~ 3岁这个年龄段的宝宝 24 小时内可以睡 12 小时左右，其中晚上的睡眠时间是 11 小时，白天的小睡时间则减少到仅仅 1 小时，而且白天常常只要睡一次。这意味着这个阶段的宝宝的睡眠大约有92％是在晚上，

已经逐渐接近成人的睡眠模式。这个年龄段的宝宝仍然常常夜醒，不过夜醒后通常都能快速地再次入睡。

第三节 宝宝的日常护理

一、排便训练

当宝宝的大脑神经系统发育成熟，对膀胱的充盈、直肠开始有了感觉，能够主动控制大小便了，这时是训练排便的最佳时期。研究表明，宝宝 2 岁左右就能自主控制排便，可以进行如厕训练了，这个时间并不是绝对的，有的宝宝 20 个月左右就可以开始训练，有的则需要等到 27 个月，而且男孩可能比女孩要晚。家长不必严格遵循推荐的时间，而应尊重宝宝的发展规律，等他准备好了再开始。研究发现，如厕训练开始的时间较晚，宝宝反而能更快地自主如厕。

家长应注意捕捉宝宝能够自主排便的信号，包括：

1. 宝宝穿着纸尿裤排便后，会感觉不舒服而向家长寻求帮助。

2. 宝宝开始对家长如厕表现出兴趣。

3. 宝宝有自己拉下或提上裤子的能力。

4. 宝宝清醒时，纸尿裤能保持 1~2 小时的干爽。

当宝宝出现了可以开始接受如厕训练的信号，家长可以通过告诉宝宝自己上厕所是长大了的表现，以引起他对独立如厕的兴趣。带宝宝去买儿童坐便器，不要选择功能太多、过于花哨的坐便器，以免如厕时分散注意力。让宝宝熟悉坐便器。家长可以将脏纸尿裤扔进坐便器中，帮宝宝将坐便器与排便建立联系；也可以和宝宝一起阅读关于如厕训练的绘本。在习惯未养成之时，宝宝有时尿湿了裤子，父母不能因此责备宝宝，大多数宝宝能够比较顺利地完成日间如厕训练，但要完成午睡或夜间训练，可能需要半年甚至更长的时间。如厕训练是一个循序渐进的过程，家长要保持轻松心态，耐心等待，正确对待宝宝训练过程中出现的失误。

男女宝宝训练大小便有区别，女宝宝的训练主要由妈妈来完成，男宝宝的训练有爸爸言传身教，宝宝的便盆最好放在卫生间或宝宝自己的房间，上完厕所后，把他带到水池边，让宝宝自己洗手，养成便后洗手的卫生习惯。

二、宝宝大小便的观察

宝宝个体差别很大，并可受气温、饮水量等因素影响，以致排尿量及次数可有很大的变化。2～3岁宝宝24小时排尿10次左右，尿量在600毫升左右。

（一）宝宝尿颜色异常及混浊的临床意义

1 深黄色或褐黄色尿，提示肝胆疾患，如肝炎、胆道梗阻等。

2 橙黄色尿，提示发热性疾患、有脱水症状等。

3 粉红混浊尿即肉眼血尿，提示肾炎、泌尿系感染、肾结核、肿瘤、结石、出血性疾患及药物性肾损害等。

4 红褐或蓝褐色尿，提示血红蛋白尿、肌红蛋白尿和卟啉病等。

5 乳白色混浊尿，提示乳糜尿、脓尿、脂肪尿、大量盐类沉淀等。

6 黑褐色或黑色尿，提示尿黑酸尿症、尿黑酸尿症等。

7 黄绿色尿，提示尿中有胆绿素、绿脓杆菌感染等。

8 蓝色尿，提示家族性色氨酸吸收障碍、蓝尿布综合征等。

（二）宝宝尿气味异常提示哪些疾病

1 氨臭或腐臭味尿，提示泌尿系感染、尿潴留等，表示尿素已在体内分解为氨。

2 过食葱、蒜等，尿中有特殊气味。

3 某些先天性代谢缺陷患儿，尿中也有特殊气味，如霉味、汗脚味、鼠尿味、猫尿味、酸败奶油味等。

（三）宝宝粪便肉眼观察的临床意义

1 大便臭味过浓，表示蛋白质消化不良。

2 大便带酸味多泡沫，反映碳水化合物消化不良，发酵旺盛。

3 大便外观呈奶油状，表示脂肪消化不良。

4 大便呈脓血样，可能为菌痢或其他细菌性肠炎等。

5 大便带血丝，多数系肛门裂、直肠息肉所致。

6 大便灰白色，提示可能有胆道梗阻。

7 大便黑色，则是上消化道出血或服铁剂等药物所致。

（四）宝宝粪便气味异常提示哪些疾病

1 酸臭味粪便，见于小儿腹泻、糖类异常发酵等。

 新手妈妈你知道吗？

2 恶臭味粪便，见于慢性肠炎、慢性胰腺炎等。

3 腐臭味粪便，见于直肠癌溃疡等。

4 血腥味粪便，见于坏死性小肠炎等。

三、怎样给宝宝清洁口腔

（一）宝宝刷牙的"三三三"制

宝宝刷牙一般应遵循"三三三"制，即3岁开始刷牙，每天刷3次，每次刷3分钟。采用的方法是竖刷法：把牙刷毛束与牙面呈45°，转动刷头，上牙从上往下刷，下牙从下往上刷，上下牙列面来回刷。刷牙顺序是先刷外面，再刷咬合面，最后刷里面。先左

后右，先上后下，先外后里，按顺序里里外外刷干净。每个部位要重复刷8 ~ 10次，全口牙刷净需3分钟。

（二）日常护理

1 **培养宝宝良好的口腔卫生习惯**

宝宝2岁以后，就可以培养他（她）自己动手漱口、刷牙了。妈妈要对宝宝有信心，多鼓励宝宝去做，不要怕他（她）做不好。要知道宝宝是有很大潜力的，只要妈妈肯放手让宝宝尝试，宝宝很快就能掌握。一定要让宝宝养成饭后漱口，早晨起床后及晚上睡觉前刷牙的习惯。

2 **定期给宝宝做牙齿检查**

　　爸爸妈妈要重视宝宝牙齿的健康检查和保健，每3～4个月就要带宝宝看一次牙医，及时发现和治疗是预防龋齿扩展的有效方法。

3 **少吃糖**

　　让宝宝少吃甜食，尤其是要少吃甚至不吃糖，这对预防龋齿有一定的作用。但同时要注意，不仅是糖，残留在牙齿间的所有食物，都有引起龋齿的可能，所以在不吃糖的同时，还必须保持牙齿的清洁。

4 **3岁以内的宝宝不能使用含氟牙膏**

　　牙齿表面的釉质与氟结合，可生成耐酸性很强的物质。所以，为了预防龋齿，很多牙膏里都加入了氟。含氟牙膏对牙齿虽然有保护作用，但是对2～3岁的宝宝来说，他们的吞咽功能尚未发育完善，刷牙后还掌握不好吐出牙膏沫的动作，很容易误吞，导致氟摄入过量。

　　最后妈妈可以给宝宝选择漂亮的牙刷和牙杯，吸引宝宝刷牙的兴趣。

第四节　健康监护与保健

一、该月龄的宝宝身高体重参考指标

表6-1　2～3岁男童身高（长）标准值

单位：厘米

年龄	月龄	−3SD	−2SD	−1SD	中位数	+1SD	+2SD	+3SD
2岁	24	78.3	81.6	85.1	88.5	92.1	95.8	99.5
	27	80.5	83.9	87.5	91.1	94.8	98.6	102.5
	30	82.4	85.9	89.6	93.3	97.1	101.0	105.0
	33	84.4	88.0	91.6	95.4	99.3	103.2	107.2
3岁	36	86.3	90.0	93.7	97.5	101.4	105.3	109.4

表6-2　2～3岁男童体重标准值

单位：千克

年龄	月龄	−3SD	−2SD	−1SD	中位数	+1SD	+2SD	+3SD
2岁	24	9.06	10.09	11.34	12.54	14.01	15.67	17.54
	27	9.47	10.54	11.75	13.11	14.64	16.38	18.36
	30	9.86	10.97	12.22	13.64	15.24	17.06	19.13
	33	10.24	11.39	12.68	14.15	15.82	17.72	19.89
3岁	36	10.61	11.79	13.13	14.65	16.39	18.37	20.64

表 6-3　2～3 岁女童身高（长）标准值

单位：厘米

年龄	月龄	-3SD	-2SD	-1SD	中位数	+1SD	+2SD	+3SD
2 岁	24	77.3	80.5	83.8	87.2	90.7	94.3	98.0
	27	79.3	82.7	86.2	89.8	93.5	97.3	101.2
	30	81.4	84.8	88.4	92.1	95.9	99.8	103.8
	33	83.4	86.9	90.5	94.3	98.1	102.0	106.1
3 岁	36	85.4	88.9	92.5	96.3	100.1	104.1	108.1

表 6-4　2～3 岁女童体重标准值

单位：千克

年龄	月龄	-3SD	-2SD	-1SD	中位数	+1SD	+2SD	+3SD
2 岁	24	8.70	9.64	10.70	11.92	13.31	14.92	16.77
	27	9.10	10.09	11.21	12.50	13.97	15.67	17.63
	30	9.48	10.52	11.70	13.05	14.60	16.39	18.47
	33	9.86	10.94	12.18	13.59	15.22	17.11	19.29
3 岁	36	10.23	11.36	12.65	14.13	15.83	17.817	20.10

二、宝宝的发育达标吗

（一）体格发育

孩子的生长速度在 2～3 岁时会减慢，他们的身体还会继续经历从婴儿到儿童的明显变化。身体各部分的比例会发生大的变化，目前头部的生长速度减慢，孩子腿部和躯干生长速度加快。随着身体各部生长速度的改变，他（她）的身体和腿看起来比较均衡了。

2 岁以后，同龄孩子身高和体重的差异会非常大，只要他（她）按照自己独特的生长速度发育，就没有必要担心。

新手妈妈你知道吗？

表 6-5　2 ~ 3 岁儿童身高参考值

年龄	男童		女童	
	平均值（厘米）	正常范围（厘米）	平均值（厘米）	正常范围（厘米）
2 岁	88.5	81.6~95.8	87.2	80.5~94.3
2 岁 3 月	91.1	83.9~98.6	89.8	82.7~97.3
2 岁 6 月	93.3	85.9~101	92.1	84.8~99.8
2 岁 9 月	95.4	88 ~103.2	94.3	86.9 ~102
3 岁	97.5	90 ~105.3	96.3	88.9~104.1

（二）运动发育

2 ~ 3 岁孩子运动的发育更加成熟，总是不停地运动——跑、踢、爬、跳。今后的几个月，他（她）跑起来会更稳、更协调。他（她）也能学会踢球、举手过肩扔球，能自己上下台阶，会独脚站，还会独脚跳上 1 ~ 2 次。2 岁的孩子学步时跟跄的步伐逐渐变成更加成人化的脚跟 - 脚尖运动。这个过程中，他（她）对身体操纵更加灵活，后退和拐弯也会更加顺畅。走动时也能做其他的事情，例如用手、讲话以及向周围观看。

本阶段末期的发育里程碑

| 1 | 熟练地爬。 |

| 2 | 脚步交替上下楼梯。 |

| 3 | 踢球、举手过肩扔球。 |

| 4 | 轻松地跑。 |

| 5 | 能骑小三轮车。 |

| 6 | 顺利弯腰而不倒下。 |

（三）语言发育

2~3岁时期孩子的语言发展特别迅速，2岁的孩子不仅能听懂你的大部分话语，而且会说较完整的句子，词汇量也会快速增加50个以上。这一年中，他（她）逐渐从说2个或者3个单词的句子（"喝果汁" "妈妈，吃饼干"）转变为可以说4个、5个，甚至6个单词的句子（"爸爸，球在哪里？" "洋娃娃坐在我腿上"）。他（她）也开始使用代词（我、你、我们、他们），如"这是我的，你的在那里"，会用语言和人交往，还会唱上几句儿歌。3岁左右时大多数孩子说出的话不再是简单句，会用"和"或"但是"来连接句子，词汇量可达1000。

本阶段末期的发育里程碑

1 理解2~3个介词（上面、下面、前面、后面等）。

2 能够认出并辨别几乎所有常见的物体和图画。

3 听从2~3个词的指令。

3 理解大部分句子。

4 使用4~5个单词的句子。

5 能说名字、年龄和性别。

6 陌生人能听懂他（她）的大部分话语。

7 会用代词和一些复数。

（四）精细动作

2岁孩子用手，变得灵巧多了。他（她）会翻书、建6~10块积木的塔、脱鞋以及拉开大的拉链。他（她）的手腕、手指和手掌可以进行协调的运动，因此能旋转门把、拧开广口瓶的瓶盖。握笔画画也是日常活动之一，递给他（她）一支笔，他（她）会将拇指和其他手指分开捏住笔，然后笨拙地将食指和中指伸向笔尖，画出直线和曲线。同时串珠子、捏彩泥、做手工等也能锻炼宝宝手的操作技能。

本阶段末期发育里程碑

1 用铅笔或蜡笔画垂直线、水平线和圆形。

2 一页页翻书。

3 搭建 6 ～ 10 块积木的塔。

4 将铅笔握在写字的位置。

5 拧紧或拧开广口瓶盖、螺帽和门闩。

6 转动把手。

（五）个人—社会适应能力

本阶段孩子行为也会变得自私，经常拒绝与别人分享，2 岁时，几乎只关心自己的需要和渴望，不理解其他人在这种情况下的感受，认为每一个人的感受和想法都与他们完全一样。这种情况下，他们认为自己的行为并不出格，因此不会控制自己。这阶段的孩子喜欢到处看，到处摸索，干自己要干的事，同时也渴望和同龄伙伴交往。

本阶段末期的发育里程碑

1 模仿成人与伙伴的行为。

2 自发地对熟悉的伙伴表示关心。

3 玩交往性的游戏，懂得先后顺序。

4 能控制地倒水，会自己洗手并擦干。

5 理解"我的"或"他的/她的"概念。

6 会扣纽扣。

（六）认知发育

现阶段的学习过程中会有思考成分，掌握语言的能力逐渐加强，开始形成事件、动作和概念的精神图像。他（她）也能用思维解决一些问题，他（她）的记忆力和智力也有所发展，开始理解简单的时间概念，例如"吃完饭后再开始玩耍"。

这时孩子也开始理解物体之间的关系。例如，在你让他（她）玩形状分类玩具和益智拼图玩具时，他（她）可以匹配相似的形状。在数物体时，他（她）也能够理解数字的含义。孩子的因果关系理解力也会有进步，对上发条的玩具和开关灯的设备更加感兴趣。

本阶段末期的认知发育里程碑

1 和洋娃娃、小动物或人玩过家家游戏。

2 将手上的或房间里的物品与图书上的进行比较。

3 根据形状和颜色将物体分类。

4 使用机械玩具。

5 完成由3～4块组成的拼图游戏。

6 理解数字2的概念。

三、发育迟缓有哪些表现

（一）2 岁

1 语言：不会说 3 个物品名称，例如灯、车、杯等。

2 个人社交：不会按家长吩咐做简单事情，如拿东西。

3 精细动作：不会自己用勺吃饭。

4 大运动：不会扶栏杆上下楼梯或台阶。

（二）2 岁半

1 语言：不会说 2 ~ 3 个字的短语，例如"喝水""出去玩"等。

2 个人社交：兴趣单一刻板，总是以固定的方式，长时间玩弄某一两种玩具，例如只玩汽车的轮子。

3 精细动作：不会示意大小便，如白天要大小便时，不会用动作或语言表示，以寻求家长帮助。

4 大运动：不会跑动。

（三）3 岁

1 语言：不会说自己的名字，当被问到"你叫什么名字"时，不会正确说出自己的名字或者小名。

2 个人社交：不会玩"拿棍当马骑"等假象游戏，或者"给娃娃喂饭""给娃娃打针"等假设性游戏。

3 精细动作：不会模仿成人用笔画圆。

4 大运动：不会双脚同时离地跳起。

四、宝宝要接种哪些疫苗

种类	疫苗	预防疾病	免疫程序	接种方法	接种禁忌证	常见预防接种反应及注意事项
免疫规划疫苗	乙脑减毒活疫苗	流行性乙型脑炎	8月龄、24月龄各1剂，共2剂次。	皮下注射，0.5毫升。	已知对疫苗成分过敏者及有抗生素过敏史者，发热及急性疾病、严重慢性病、慢性疾病的急性发作期。妊娠期妇女，有脑病、未控制的癫痫和其他进行性神经系统疾病者，免疫缺陷、免疫功能低下或正在接受免疫抑制治疗者。	局部可有红肿、疼痛和触痛；可有低热、疲倦、头痛等一般无需特殊处理，如有严重反应及时诊治。
	A群C群流脑疫苗	A群C群脑膜炎球菌	3周岁、6周岁各1剂，共2剂次。	皮下注射，0.5毫升。	已知对该疫苗成分过敏者，急性疾病、严重慢性病、慢性疾病的急性发作期和发热者，患脑病、未控制的癫痫和其他进行性神经系统疾病者。	局部可有疼痛、触痛、红肿，可有轻度或中度发热等一般无需特殊处理，如有严重反应及时诊治。
非免疫规划疫苗	甲肝灭活疫苗	甲型肝炎	18月龄、24月龄各1剂，共2剂次。	肌肉注射，0.5毫升。	已知对疫苗成分过敏者、妊娠期妇女、未控制的癫痫和其他进行性神经系统疾病患者；急性患者、严重慢性疾病的急性发作期和发热者。	可出现轻度发热，局部疼痛、红肿、硬结。偶有乏力、头痛、头晕、呕吐等，一般无需治疗可自行缓解，反应严重者请及时就医。

新手妈妈你知道吗？

续表

	23价肺炎	预防肺炎球菌血清型：1、2、3、4、5、6B、7F、8、9N、9V、10A、11A、12F、14、15B、17F、18C、19A、19F、20、22F、23F和33F引起的侵袭性疾病（包括肺炎、脑膜炎、中耳炎症和菌血症等）。	24月龄以上易感人群	肌肉注射	对疫苗中任何成分过敏者	可有局部疼痛、红肿、硬结和短暂的全身发热，一般无需治疗可自行缓解，必要时可给予对症治疗。
非免疫规划疫苗						

五、宝宝出现哪些表现，应该找儿科医生检查

如精神不好，食欲下降，活动减少，发热，气促，明显口渴，呕吐腹胀，尿量明显减少，大便性状异常，如：肉眼血便，果冻样大便。或皮肤出现出血点、黄疸、水肿等。

第五节　回应性照顾

一、该月龄宝宝已有哪些情绪

1岁左右的宝宝已经具有愉悦、兴奋、得意、喜爱、厌恶、恐惧、苦恼、无聊甚至愤怒等情绪。1岁半～2岁时，宝宝的情绪日见多元化，会分化出喜悦和嫉妒等情绪。3岁宝宝的情绪分化已接近成人水平，但由于自控能力较差，其情绪表现多不稳定。随着年龄的增长，宝宝的情绪状态会逐渐趋于稳定。

二、建立安全型亲子依恋，发展良好的亲子关系

如何建立良好和谐的亲子关系，需要做到：

（一）积极参与亲子游戏

"亲子游戏"是父母与孩子共同进行的，具有情感交流和教育价值的游戏。一方面亲子游戏能够促进亲子关系的发展，是父母与孩子沟通交往的有效方式。另一方面儿童在亲子游戏过程中获得的知识、经验和技能往往比在其他游戏中的更丰富，更有益于孩子的认知发展。

（二）重视日常的亲子沟通

"亲子沟通"是指发生在父母与子女间能被感知的所有沟通行

为。良好的亲子沟通是建立和谐亲子关系的重要条件。对于 0 ~ 3 岁的婴幼儿来说，父母与他们的沟通交流，直接影响着他们安全性依恋的形成。沟通时常用的方式有目光的对视、语言的交流、肢体的接触等等。

（三）满足孩子的活动空间

随着年龄的增长、婴幼儿身体活动能力的增强，活动空间和场所会直接影响婴幼儿的心理感受和行为反应：较封闭的空间使得婴幼儿的视线受到阻隔，让婴幼儿在心理上产生一定的压抑感，因此应增加户外活动的时间和内容，帮助孩子在自然环境中充分感知事物、人物的变化，从而培养孩子的观察力和注意力。可适当增加婴幼儿的活动量，从而提高免疫力。

（四）允许孩子的自由探索

婴幼儿在成长的过程中无时无刻不对周围环境充满了好奇心。在玩耍当中常常会有一些新的尝试与想法，作为家长，应适当地提供生活材料让婴幼儿进行自由探索，还应尽可能地多陪伴孩子，适时、适宜地指导，可以促使亲子关系更加融洽。

三、家长如何应用鼓励、批评和表扬对宝宝进行教育

1. 家长教育孩子应该多给予鼓励，慎用表扬。鼓励是针对宝宝努力的过程，不是事情本身，表扬的内容是宝宝的努力、有耐心，能坚持做完一件事的可控制因素，而不是天赋等不可控制的因素。

2. 批评宝宝要就事论事，不要一个缺点连着一个缺点地批，当批评失去重点，宝宝也不知道你在说什么了。批评宝宝的时候要注意几个点：

> 人多不批评。宝宝是要面子的，且自尊心脆弱而强烈。在人多的时候批评他，宝宝会在心底里对你反感。

2 睡前不批评。会浪费亲子交流时间，令宝宝产生抵触心理。

3 错误不重提。批评宝宝要就事论事，不然会失去重点。

4 批评不比较。不要和别的宝宝进行比较，不要总在自家宝宝面前提别的宝宝有多优秀，最后会伤害了宝宝。

5 情绪不发泄。即使宝宝做得不好，也要控制好情绪，不能把怒火发泄出来，最后把伤害转移到了宝宝身上，没起到教育的效果。

6 进餐不批评。宝宝边吃边听训，不仅影响食物的消化，也会令宝宝对批评失去敏感性，时间久了，就完全起不到作用了。批评要用平和的语气给宝宝讲清楚哪些地方错了，以后要注意，使宝宝明白。

3. 表扬宝宝要及时、规律、不要敷衍。宝宝对道理的记忆要反复强化才能根深蒂固。一次表扬往往达不到目的，表扬宝宝一定要记得及时且有规律，最好能做到带有一定的周期性。同时表扬宝宝也要针对年龄、个性给予不同的方式。

第六节 早期学习

一、该月龄宝宝语言启蒙

1.2～3岁，宝宝能识别物品的功能，可回答一些简单的问题，理解"大小""快慢""冷热"等基本概念。3岁时，宝宝能说3～4个词长的句子，如"爸爸开车"，处于句子阶段。会用语言来表达自己的生理需求。

2.家长们可以在感觉运动类的活动中融入结构类的游戏，如积木、形状匹配等。2岁以上，主要进行功能性的游戏活动，如和娃娃过家家。主要以实物为主，卡片为辅，来调动他（她）的感知觉去加强学习。书籍在这个时候才派上用场，应选择画面大而清晰的书，其在画面上能够反映大量的故事信息，最好是一页只有一句话，不要太多词。

3.在家庭中遵循语言治疗的"3A"原则：

1 让孩子做引导（Allow）：即以儿童为中心，参与到儿童感兴趣的活动中去，并围绕此活动与儿童进行交流。

2 调整说话方式（Adapt）：与儿童面对面，保持视线同一水平；慢速、简单、重复和伴手势的表达方式，使儿童理解父母的语言。

3 增加新经验和词汇（Add）：通过示范和提示增加儿童新的游戏内容和游戏方式，并在交流中增加新的词汇和内容，如命名人和物、描述场景、感受及解释原因等，也可以对儿童表达进行扩展和延伸。

4. 在家庭中帮助发展语言：同看——看孩子想看的；同说——说孩子想说的；同玩——用孩子的方式玩，选自己的玩具，用孩子的玩法，在重复中添新。需要避开误区："逼孩子说，不说不给""看视频早教节目学说话""三种提问：这是什么？这是什么颜色？还有几个？"。而需要增加孩子的主动发起，主动去丰富词汇和句型。

二、该月龄宝宝运动训练

（一）2～3岁，该月龄宝宝主要的运动训练项目

1 踢球。

2 双足并跳。

3 举手过肩扔球。

4 骑三轮脚踏车。

5 独足站1秒钟。

6 跳远。

（二）2～3岁，该月龄宝宝运动训练的指导方法

1 踢球训练方法：可以让宝宝踢滚来的大塑料球。家长将球滚向宝宝，让宝宝原地或助跑几步踢滚来的球。

2 双足并跳训练方法：可以在宝宝头顶正上方5～10厘米的位置，放置一个宝宝喜欢的玩具，引诱宝宝向上够玩具的过程中，双足向上跳跃。

  新手妈妈你知道吗？

3 举手过肩扔球的训练方法：家长可以将自己手上的大塑料球举手过肩扔给宝宝，让宝宝模仿家长的动作扔球，反复练习，且宝宝有进步时要及时表扬。

4 骑三轮脚踏车训练方法：家长可以尝试让宝宝坐在有辅助轮的三轮车上，刚开始家长可以向前推车，让宝宝体会其中的乐趣，慢慢地让其自己尝试往前骑行。

5 独足站1秒钟：家长可以在宝宝面前示范独足站，鼓励宝宝抬起一只脚，平衡站立。如果宝宝完成了，要及时鼓励表扬。

6 跳远：在幼儿面前放一张A4大小的纸张，鼓励宝宝双足并跳地跳过去。如果宝宝仍不会，家长可以先示范。

三、该月龄宝宝每日身体活动时间

2 ~ 3 岁，宝宝在各种强度的身体活动中至少要花费 180 分钟，其中至少包括 60 分钟的中等到剧烈强度的身体活动，全天分布；多则更好。

活动时间每次不超过 1 小时（例如手推童车/婴儿车），也不可长时间坐着。久坐不动的屏幕时间不应超过 1 小时，少则更好。坐着时，鼓励与看护者一起阅读和讲故事。保持 10 ~ 13 小时的优质睡眠，可包括打盹、有规律的睡眠和唤醒时间。

四、如何为宝宝选择合适的图书

1. 2 岁左右给宝宝准备必要的图片书籍，这些书籍的特征就是没有文字。

1 如以自然与认识为主题，识别动物、水果等图片。

2 如以日常生活为主题的图片绘本，类似吃饭、睡觉、立规矩等。

3 可以了解生活，增加对世界的认识和建立基本生活习惯与规则，如：大小便训练。

父母可以让宝宝持续地看一张图片，然后向他（她）提问，同时及时给宝宝补充与反馈。共同关注，积极参与，及时反馈，逐渐提升难度，有助于宝宝口

头语言的发育，图画形象加强了其对语言的理解，也训练了宝宝语言能力。

2.3岁多以后，选书的重点与生活相关，故事情节可以更有想象力，语言简单重复但有趣，有寓意。如以亲人与家为主题（分离，信任，希望，爱等）的图书，让宝宝了解这些情感；如以同伴游戏为主题的图书，培养宝宝的观察力、理解力，建立起他（她）的生活习惯和社会规则，以及促进情感表达与引导社交。

五、如何为宝宝选择合适的玩具

对于2~3岁的宝宝，玩具是发展学习能力的工具，是幼儿期宝宝的好朋友。为宝宝选择合适的玩具，可以增强宝宝的兴趣和好奇心，促进宝宝智力的提升并有助于培养宝宝的观察力，增加宝宝的活动力，帮助宝宝稳定情绪，对宝宝的社交、心理、身体、情感发育都非常重要。

拼图游戏是一种非常开发宝宝智力的游戏，可以调节宝宝多重感官

我们可以选择发展他们运动、语言和认识能力的玩具，比如皮球，他们会对抛球、踢球很感兴趣；又比如小三轮车，会增加他们的运动能力；垒砌积木能学习构形与平衡；镶嵌板可以让小儿对学习图形有兴趣；穿珠、彩色圆轮、简单的拼图可以帮助孩子学习颜色、数数、

练习手的精细动作，学习观察、培养耐心；彩色图片可以教宝宝认识名称、配对，增加知识面；能穿脱衣服的大娃娃在这个年龄段也是必不可少的玩具，宝宝可以与娃娃对话，给它喂饭、穿衣、打针，学习妈妈关心他人，逐步具备自我服务的能力。这个年龄段的孩子喜欢玩水玩沙，家长可以准备一些洗净晒干的沙子、水上漂浮的小船等，让他们充分发挥想象力，感受大自然。也要准备一些可以与同龄儿一齐玩过家家、开医院的简单玩具，培养他们的交往能力和语言能力。

综上所述，给2~3岁儿童的好玩具、好礼物包括：

1. 可穿脱衣的装扮娃娃。

2. 三轮车、滑板车等。

3. 模仿玩具：玩具厨房、玩具家庭等。

4. 积木，特别是建筑型的积木。

5. 适合他们年龄的手工艺品。

6. 绘本。

7. 音乐盒。

对于2~3岁的宝宝而言，能够激发其创意、模仿能力、想象的玩具应该是首要的选择，各位家长要注意的是，这么大堆的玩具，可以为其准备一个玩具箱子，或一个抽屉，固定给孩子专用，先帮助他（她）收拾，摆放有序。然后再让孩子自己收拾，并及时肯定表扬。好处是：一是培养了生活自理能力，二是逐渐养成劳动习惯和爱整洁的习惯，三是减少玩具的丢失，四是需要的时候不用到处寻找。从2岁左右培养孩子自己收拾玩具的习惯，日后受益无穷。

六、如何为宝宝选择合适的音乐

心理学家指出，定期对宝宝进行音乐训练，可以使幼儿的智力发展得到更大的提升。尤其是在孩子2~3岁时，在这个年龄段的孩子对于音乐特别感兴趣。所以家长可以在这个时候就给予正确的音乐启蒙，让他们在唱唱玩玩的过程中，培养出对音乐的兴趣。

可以让孩子每天接触音乐，在日常生活培养孩子对音乐的兴趣。早晨起床时，播放轻声悦耳的音乐；游戏时配上活泼有趣的音乐；晚上睡觉时，放一段温柔、安静的摇篮曲。总之，在生活中恰当地不断提供音乐刺激，可以激起孩子愉快的情感，使孩子的音乐天赋得以很好的发挥。

宝宝 2 岁以后，唱歌的兴致会很高，而且具有较强的接受能力。可以选择一些富有情趣的、歌词生动的、孩子能理解的歌曲让孩子学唱，如《小白兔》《大公鸡》等。节奏要简单，篇幅要短小，歌词以象声词为最好，易引起宝宝模仿唱歌的兴趣。

应化抽象为具体，并用游戏的方式训练宝宝模仿唱歌，如《小鸡和小鸭》。可以先教会宝宝小鸡和小鸭的动作：把两手握在一起，伸出左右手的食指，两食指并在一起做鸡嘴；小鸭只需两手合一起，掌心相对，一手向上，一手向下，这就成了鸭嘴。边唱边做动作，对宝宝的模仿有很大的帮助。还可教孩子拍拍手、跺跺脚来训练孩子的节奏感。准备几种乐趣，如电子琴、小铃、铃鼓等让孩子去摸摸、敲敲打打，感受不同乐器发出来的声音。

家庭式的音乐熏陶，如遇到有儿童卡拉 OK、动画片歌曲等，可以与宝宝一起欣赏，同时进行启发、引导模仿。

当宝宝在模仿唱歌时，不要打断，应鼓励不断进行，并不断表扬和帮助，纠正启发。

训练的时间不宜过长，因为孩子的注意力较差。

七、如何做亲子游戏，让宝宝更聪明

2～3岁是孩子身体和想象力，对世界的探索欲望高速发展的阶段，父母一定要注重2～3岁宝宝的亲子游戏互动，让宝宝的身体和大脑都得到充分的发展。今天为您介绍几个适合2～3岁宝宝的亲子互动游戏。

（一）接沙滩球

大多数宝宝会接球前就能扔球了，他们喜欢用小胳膊抱球，家长可以指导宝宝学习接球。开始时，把球滚到宝宝身边，再让他（她）把球滚给家长。到他（她）试图接球时，换一个稍微泄了气的大沙滩球，这样宝宝的小手更容易抓住。如果大人先向他（她）示范如何接球，宝宝会学得更快。一旦宝宝能够接住（这需要大量的练习），就需要一点点地拉大两人的距离。

技能聚焦：和宝宝玩接球是简单而有趣的社会化锻炼，能增强宝宝的大动作技能和手眼协调能力。成功的接球需要敏锐的反应和良好的空间意识。通过这个游戏，他（她）获得了非竞争参与游戏的乐趣。

（二）骑马游戏

家长扮演马（基本是爸爸的活儿），双手和膝盖着地，跪在地上，让宝宝骑在背上，确保宝宝紧紧靠着家长。游戏时配上音乐，或家长边爬边唱宝宝喜欢的歌（感觉达到"做牛做马"的境界），让宝宝趴下身子，直起来，或者左右摇摆。

技能聚焦：家长在学马爬和摇晃时，宝宝在学习怎么保持平衡。他（她）会发挥想象力，假装自己在骑一匹勇猛的战马。

（三）玩纱巾

这个游戏对宝宝的手眼协调能力是个挑战，收集颜色鲜艳、质地轻盈的纱巾，几条同时放在手里揉搓，将它们高高地抛在空中，然后让宝宝抓落向地面的纱巾。几次以后，和宝宝换过来，让宝宝扔家

长抓。

技能聚焦：这个游戏给宝宝新的物品，让他（她）练习扔和抓飘动的织物，空中的"彩虹"不仅是视觉的刺激也是身体的挑战。

（四）浴缸戏水

宝宝喜欢在浴缸里玩水，喜欢大雨，其实也可以在宝宝自己的浴缸里"造雨"。可以用过滤器、喷壶等，给宝宝示范怎样把水倒进漏锅产生"大雨"，还可以把雨滴洒在宝宝的头上和身上，一边唱着关于雨的歌。

大一点的宝宝会喜欢用淋浴喷水头喷出水滴，要使游戏更好玩，家长可以和宝宝一起爬进浴缸，让大雨倾盆而下。

技能聚焦：任何形式的戏水对宝宝都是感官忙碌的奇妙之旅。感觉到、看到或听到一股水流变成雨时，能提供给他（她）触觉、视觉和听觉的刺激，也帮助宝宝理解水可以有很多形式出现。

（五）绘画入门

将大纸粘在一个容易清洗的平台上，然后将几种无毒颜料倒在小碗或盘子里，再准备各种绘画工具，包括画笔和切成不同形状的海绵。大人给宝宝示范如何用画笔蘸颜料涂抹在纸上，然后让宝宝试着想画什么就画什么。

技能聚焦：宝宝现在开始认识到他（她）能够创造东西，让他（她）画任何他（她）想画的东西，帮助他（她）自信地表达自己。将日常用品变成艺术工具，既锻炼了他（她）小动作的控制能力和手眼协调能力，也发展了他（她）的创造力。

（六）纸片拼图游戏

先找一个漂亮的彩色图画，画的是宝宝喜欢的东西，然后把它剪成4大片。大人帮助宝宝重新排列这些纸片，使它们还原。当他（她）完成后，你可以把纸片再剪小，使难度增加。

技能聚焦：这个游戏锻炼了宝宝对空间关系的理解力，还使他（她）对喜欢的图画进行创造（对空间记忆能力的测试），获得解决更难拼图的信心。

（七）放大物体

带宝宝到室外散步并开始这次探索，向他演示如何将放大镜对着不同的物体——绿叶、岩石、青草、花朵、沙砾甚至昆虫，仔细观察它们，并鼓励他（她）触摸物体，帮助他（她）寻找合适的词语描述它们。同时，大人还可以和宝宝讨论大小的概念。

技能聚焦：放大镜是帮助宝宝欣赏大自然绝佳的工具，它可以使宝宝感觉大自然是多么丰富多彩又错综复杂，帮助他（她）描述所看到的一切，也能扩大他（她）的词汇量。

以上是适合 2 ~ 3 岁宝宝的亲子互动游戏，希望对您的宝宝早教有帮助。

八、2~3 岁，宝宝可以交朋友了吗

一位妈妈说："孩子 2 岁的时候，我发现他有了交友的欲望。每当听到小朋友从楼道里走过，他总禁不住要开门看看。每次从幼儿园回来，他总是流连忘返。但经常因为不够勇敢或别的原因，交友的欲望总是很难满足。我曾

在游戏中教会宝宝与社会沟通的能力

经将一些小朋友请回家，结果几个孩子又哭又闹，效果不佳。"原来交友是一种能力，是需要培养的。

通过做游戏，孩子将学会与他人分享快乐，遵守游戏规则。懂得轮流玩耍，而且通常情况下，他们也会礼貌地对待游戏伙伴。父母可以试试下面这些活动来培养宝宝的能力。

妈妈在宝宝2岁开始就可以培养宝宝交朋友的能力了

（一）跟我做

在这个游戏中，父母可以组织许多蹒跚学步的宝宝跟随自己做各种各样的动作，这些动作可以自由命名，并且由家长来表演，越滑稽越好。为了增加一些趣味，家长可以在整个过程中设置一些简单的障碍，领着宝宝们爬过枕头，穿过用纸箱做的隧道，或者绕着椅子一圈又一圈地走。

（二）画大幅的图画

鼓励两个或更多的宝宝一起画画，可以用粉笔在人行道上画，或者在家里用蜡笔在一张纸上画。

（三）跳舞

放些音乐，进入角色，看着你的宝宝和朋友们一起投入地舞蹈。

（四）老鹰捉小鸡

这种很古老的游戏不仅能增强宝宝的协调能力，还能培养他们的团队精神。

当宝宝交友遇到困难时，不要给宝宝定性，也不允许别人给你的宝宝定性。社会技能应当被描绘为某些我们在努力学习的东西，而且任何宝宝的社会特性都不应该被描绘成固定的模式。比如说一个宝宝可能会害羞、迟钝或者好斗。而任何定性的描述往往逐渐成为固定的行为，成为永久的性格。

与年龄更小的宝宝建立友谊，有机会让你的宝宝同比他（她）

更小而钦佩他（她）的宝宝交往，锻炼他（她）的领导能力和社会技能，这有助于他（她）获得与同龄人相同水平的社会参与能力。

（五）排除压力

当孩子们将注意力集中在如何回应长辈的问候或疑问时，他们的窘态和不自然会急剧加强。家长不应该到了这种时候才教宝宝要礼貌，应当提前教会宝宝怎么做，比如见了长辈要问好。

（六）参与其中

通过同其他宝宝一起参与社会活动来帮助自己的宝宝交朋友。约别的宝宝到院子里，发起一支侦察队；让宝宝和他（她）的朋友一起过家家或者参加邻里的活动。

（七）评价幼儿园的环境

选择幼儿园时，尽量评价一下幼儿园的社会环境。这里的行为规范有哪些？是否对所有的宝宝来说都是一个友好而乐于接受的环境？是否鼓励宝宝们相互合作？

（八）做宝宝的榜样

家长未必要比宝宝做得更多、更好，但如果回避一些社会问题，或者表现出某些倾向，会极大地影响自己的宝宝。

九、如何让宝宝玩得更好

爱玩是宝宝的天性，对宝宝来讲，玩耍是最重要的成长方式，只有爱玩、会玩的小朋友长大后才会爱学习。如果你发现，家里的宝宝总是爱玩游戏，那么他可能很聪明。从出生开始，宝宝就是通过感知来体验世界，而爱玩也是每个孩子的天性，我们不应该制止。你可以发现，爱玩的宝宝比安静内向的宝宝更讨人喜欢，而且适应新环境的能力更强，同时对于新鲜事物比较勇敢，拥有强大的想象力，并且很有创造力，因为体验玩的过程，是帮助孩子学会与人和谐相处的过程，也是他们自我学习、认知的过程。对于激发孩子的好奇心、探索精神、求知欲有着很好的发展，对于智力和行动力也有提高。

那么，如何和让宝宝玩得更好呢？

（一）多给宝宝观察新鲜的事物

选择用一些色彩丰富的玩具和摇铃，帮助发展宝宝的手眼协调能力；多带宝宝观察周围事物，家长可以给宝宝解释这些看到的事物，可以帮助宝宝的大脑形成记忆。

（二）扩大玩耍范围

宝宝是喜新厌旧的，总在一个固定的地方玩耍，对宝宝的刺激性会减少。如果妈妈已经带宝宝玩遍了小区的边边角角，就需要扩大活动范围，去到小区之外的地方，新鲜的事物、不同的环境更能刺激宝宝的好奇心，满足宝宝的探索欲。

（三）和宝宝做一些有趣的小动作

可以轻轻牵起宝宝的小手，放在自己的胸前，拍拍小手，说"拍拍手"，宝宝会觉得这样的举动有趣，做这些动作可以多夸夸宝宝，跟他（她）说"宝宝真棒"，完成动作可以亲昵地抱抱他（她），让他（她）知道你跟他（她）在玩耍。

（四）算好休息时间，不因玩耍耽误了休息

宝宝的作息是在尊重宝宝自由规律的基础上由妈妈安排出来的，玩耍再重要，都不能耽误休息，睡觉也是促进大脑发育的重要形式。妈妈在带宝宝出去之前，应该先做个规划，去哪里，玩多长时间，即使没有玩够也要带宝宝回来。多次以往，建立了规矩，宝宝也就慢慢形成了习惯，到时间会自己回家。

（五）多带宝宝照镜子

抱着宝宝照镜子，教他（她）认识镜子里的自己，这样可以帮助宝宝锻炼大脑，也可以训练他（她）的记忆能力，当宝宝能够咿呀

 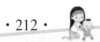

学语的时候，可以告诉他（她）镜子里的自己的身体部位，寓教于乐。

（六）在安全的前提下放手

随着宝宝慢慢长大，他（她）想要独立，用力推开你的手就是一个很好的证明。以摔倒或磕碰为代价的放手不值得！妈妈要尽可能地给宝宝选择合适的玩耍项目，在确保安全的情况下放手。

妈妈多跟宝宝玩游戏，不但可以加深亲子关系，对于宝宝的智力、人际关系、语言能力都有一定的良好影响，而自己和孩子的相处中也回归天真，寓教于乐，何乐而不为呢？

十、如何发展宝宝的想象力

2~3岁，是宝宝想象力的启蒙期。宝宝可能开始喂布娃娃吃饭，用小凳子开汽车，这些行为都表明了宝宝在开始运用想象力了。宝宝喜欢把没有的东西想象成有，将同样的东西在不同的场合赋予不同的功能。那么，我们应该如何培养宝宝的想象力呢？

（一）激发宝宝的好奇心

好奇心是推动宝宝想象力产生和发展的重要因素。因此，既要保护宝宝的好奇心，尽可能满足他（她）对未知事物的探索欲望，又要进一步激发他（她）的好奇心，鼓励他（她）对新事物进行观察和认识。

（二）与宝宝一起游戏

宝宝的想象力是在各种活动中逐渐发展起来的，尤其是各种游戏活动。爸爸妈妈应积极参与到宝宝的游戏活动之中，并进行适当的引导。但是，游戏的主体仍是宝宝，你也不要过分注重想象的结果，而应使过程本身成为一种乐趣，使宝宝获得心理的满足，激发宝宝的进一步想象的积极性和主动性。

（三）引导宝宝想象主题

宝宝需要你帮助他（她）明确想象的目的和主题。你可以通过语音提示或引导，让宝宝确定活动的主题，比如在开展关于水果的想象活动时，你可以提供一些水果或图片，引导宝宝围绕主题来开展想象活动。

（四）提供丰富的刺激

宝宝进行想象活动，往往是从自己的日常生活所接触的事物中来寻找想象的形象。所以，让宝宝接受丰富、生动、形象的刺激极为重要。你要尽可能为宝宝创造出一个开放和多元的活动和感知空间，让他（她）在尽可能大的范围内接触和认识客观事物。

十一、培养宝宝的注意力

1. 在游戏中宝宝的兴趣浓厚，注意力比较集中，我们可以有意识地让宝宝积极参加一些游戏活动，使其在游戏中锻炼注意力。

2. 宝宝对周围的事物其实有着浓厚的兴趣，我们可以在带宝宝外出活动的过程中，讲解周围的事物，增加宝宝的常识，扩大宝宝的注意范围，培养宝宝的观察力。

3. 多让宝宝做一些符合宝宝的能力、力所能及的事情。宝宝完成后，给予宝宝适当的赞赏，不足地方要耐心示范及鼓励宝宝重做。

4. 建立规律的生活习惯。让宝宝有足够的睡眠，能有固定的饮食起居及游玩时间，情绪愉快地专注学习。

5. 不同的宝宝有不同的特质。在培养宝宝专注力时，父母要从他（她）的专注力基线［他（她）对事物的平均专注时间］开始，耐心地加以培养训练才能养成良好习惯。

十二、宝宝注意力不集中的原因

1. 身体原因，宝宝无法专心可能是因为大脑发育不完善、神经系统兴奋性高、抑制力差，故自制力差，容易被周围的事物所吸引。这时，协助宝宝做些相关肢体训练会有很大的帮助。

2. 睡眠不足的问题很难在儿童身上发现。家长们对于健康的睡眠习惯常常不是很了解，很多人甚至以为打鼾很可爱，觉得这表示自己的孩子睡得很香很沉。睡眠专家指出，孩子只要每晚比需要的睡眠时间少睡半小时，就会表现出典型的多动症行为。

3. 宝宝缺乏运动也是不容易安静下来的原因，年龄越小的宝宝越需要动的机会。经常跟着音乐跳舞，做肢体运动，一起去山坡上玩耍追逐，这样的活动可以极大地放松宝宝的身心。

4. 宝宝的情绪问题、身体过于劳累、父母的不当管教态度等，也是影响其注意力的原因。

十三、如何对待宝宝问不完的问题

宝宝不停地提出问题，是因为他（她）有了觉察，觉察到这个世界不是那么简单，因此，他（她）已经不满足于对这个世界进行表面化的观察，而是想挖掘更深层次的内容。宝宝提出问题，表明他（她）的求知欲、想象力、创造力、学习能力在悄悄萌芽，表明他（她）探索世界的欲望和能力在逐步提高。

提问是宝宝抓在手里的一把钥匙，他（她）想用此来打开未知世界的大门，宝宝能够打开多少扇门，取决于妈妈对于提问的态度。如果妈妈不回避、不逃避，耐心启发、引导、鼓励宝宝，那么宝宝就会觉得这把钥匙很好用，会更加积极主动地使用这把钥匙，反之，宝宝可能会丢掉它。为了更好地促进宝宝的生长，妈妈应该以怎样的态度对待总是问不停的宝宝呢？

（一）鼓励宝宝

既然提问对宝宝来讲是好事，那么妈妈就要尽可能地鼓励宝宝。当宝宝提出问题的时候，妈妈及时耐心地帮助宝宝解答后，不妨鼓励宝宝几句："嗯，这个问题不错，我家宝宝很有想法。""有问题就问妈妈，是个好学的好孩子。"

妈妈还可以主动向宝宝发问："宝宝，妈妈为什么这么爱你啊？""海龟是因为伤心才流泪吗？""植物喝的水都到哪里了？"当然，妈妈提出问题可不是为了难住宝宝，所以，妈妈提出的问题一定要是宝宝接触过的，再次提出来，是为了让宝宝有机会巩固、整合学到的知识。

（二）引导宝宝

有的时候，宝宝反复提出同一个问题，这说明什么呢？说明妈妈的答案并没有满足宝宝的愿望。当宝宝再次提出问题的时候，你不妨反问宝宝"你认为呢""你觉得可以吗"，这样，就能达到启发宝宝把自己的想法说出来的目的。有的时候，宝宝提出问题的时候，心中已经有了答案。这个时候，妈妈的反问更能促进宝宝积极主动地思考，促进宝宝整合自己的想法。宝宝总是不能理解一个问题的时候，妈妈不妨把问题引导到一个宝宝容易理解的内容上。这样，不仅可以绕开宝宝难缠的提问，还可以培养他（她）的发散思维，重新引起宝宝的好奇心。

（三）考虑到宝宝的认知水平

不管宝宝提出的问题太小儿化还是与生活太远，妈妈都要认真对待，因为对宝宝来讲，那或许是在他（她）的心中萦绕了很久、思

新手妈妈你知道吗？

考了很长时间都没有想明白的一个大问题。妈妈回答出来后，宝宝的认知就提高了一个台阶，就会去思考更深入的问题，而不是长久徘徊在老问题上。

（四）妈妈走下"神坛"

在宝宝眼里，妈妈是无所不知的大人。事实上呢？妈妈并非无所不知。当宝宝问出妈妈也不懂的问题时，有的妈妈习惯装懂。这样做，并不利于培养宝宝，反而会在宝宝心中树立一种大人无所不能的印象，从而导致宝宝盲目崇拜大人，形成自卑情绪。

如果妈妈直接告诉宝宝："这个问题妈妈也不懂，咱们一起寻找答案吧。"妈妈带着宝宝一起查找答案的过程，其实是在向宝宝传达一种求实好学的精神，也是在教宝宝一种学习方法，当这些潜移默化地渗透到宝宝头脑里的时候，宝宝会一生受益。

第七节 安全

一、如何保证宝宝的安全

（一）居家安全

保证宝宝处于安全的日常生活环境，打开的窗户要有安全护栏，防止宝宝从窗口爬出。不给宝宝玩需要电插座的玩具。

（二）食品安全

将家用清洁剂、药品等宝宝不能食用的东西远离宝宝。

（三）外出安全

接近繁杂的交通路段时，抓紧正在学步的宝宝。

（四）心理安全

照顾者要有耐心、合理控制自己的情绪，避免向婴幼儿发泄自己的不良情绪，以免给宝宝带来心理的伤害。

第八节　疾病的预防

一、宝宝口腔内有白色奶瓣样东西怎么办

家长们常常会发现在宝宝的舌头、上腭、口腔内膜有些散在的小白点，跟奶渍极其相似，这些小白点是什么呢？带着好奇心，妈妈可以用干净的小棉签轻轻地擦拭一下，如果可以轻松擦掉，那就不用担心，肯定是残留的奶块；如果不能擦掉，我们就要怀疑是鹅口疮了，这是一种常见的婴儿口腔疾病。

我们需尽早带宝宝就医，同时生活护理也要特别注意：

1. 调配奶粉前要先洗手。

2. 每天要煮沸消毒奶瓶奶嘴。

3. 避免和宝宝亲密接触。

4. 妈妈哺乳前要清洁双手和乳房。

5. 加强营养。

6. 做好口腔护理。

二、发热宝宝的居家护理

宝宝发热是婴幼儿时期最常见的症状，避免环境因素的干扰，正确测量体温，是家长们必须掌握的技能。如刚进食或运动后不宜测

量体温，应休息 30 分钟，擦干腋窝后再复测体温。通过正确的体温测量，宝宝的确发热了，我们的家长们也不用太着急，可以先观察宝宝的精神状态，再做进一步处理。

（一）物理降温

如宝宝睡眠和饮食均无异常，体温在 37.4℃～38.5℃，我们可做以下处理：

1 松解衣物及包被，适当减少衣服，让热量尽快散发出来；但需要注意的是，如宝宝体温属于上升期出现寒战怕冷时，我们就需要给宝宝多穿衣服保暖，且密切观察，一旦宝宝有热的表现就立即解开衣物，千万不要捂热。

2 多饮水加速代谢，防止细胞脱水。

3 开窗通风，降低室内温度，必要时开空调控制温度在 21℃～22℃。

4 温水擦浴，水温应比体温低 2℃～3℃，洗浴时间 10～15 分钟为宜，多擦洗大血管行经处，如颈部、腋窝、腹股沟等，以此增加散热。

5 用 20℃～30℃冷水浸湿毛巾，然后稍挤压至不滴水即可，将毛巾折叠好放置前额，每 3～5 分钟更换一次。

（二）药物降温

如果腋温超过 38.5℃，而且宝宝吃睡都不如平常，看起来病恹恹的，无精打采，这意味着体温过高让宝宝很不舒服，我们就需要给宝宝口服退热药了，如美林、泰诺林等，服药剂量应参照使用说明书。

若宝宝一直高热不退，建议立即前往医院就诊。

三、高热惊厥的处理

惊厥多发生于体温突然升高后的 12 小时内，一般发作时间短，仅数秒至数分钟自行缓解。作为家长，当宝宝热性惊厥发作时，一定不能慌张，应做到以下几点：

1. 将宝宝平放于床或地板上，保证环境安全，避免二次伤害。

2. 头偏向一侧，解开衣领，保持气道通畅，及时清除口鼻腔分泌物、呕吐物等。

3. 颈根部垫小方枕，使脖子处于仰伸状态，防止舌后坠窒息的危险。

4. 指掐人中、虎口等穴位，给予刺激。

5. 记录宝宝抽搐时长，方便指导进一步就医。

6. 抽搐缓解即可就医，如超过 10 分钟，立即呼叫救护车，尽快去医院。

四、幼儿急疹

幼儿急疹是由病毒引起的一种急性传染病，多见于 2 岁以下儿童，最大的特点是热退疹出，高热达 39℃~40℃，持续 3~5 天自然骤降，通常不用特殊治疗，可自行好转。那么，居家护理就很重要：

1. 保持环境空气新鲜。

2. 保持皮肤清洁卫生，及时擦干汗渍。

3. 保证足够的液体摄入，如多饮水或奶。

4. 充足的睡眠，鼓励孩子多休息。

5. 宝宝发热感觉不适，可给予物理降温或适当使用退热药帮助其改善舒适性。

6. 皮疹一般不痛不痒，不需做任何处理，可自行消退。

五、秋季腹泻

秋季腹泻又称轮状病毒性肠炎，是由轮状病毒感染所引起的消化系统疾病，发病高峰在秋季，主要表现为先吐后泻，大便呈黄色水样或蛋花汤样，伴有发热，好发于5岁以下儿童。

对于这类患儿，我们可以给到宝宝如下护理：

1. 减少奶量和喂奶次数，剧烈呕吐者需禁食4~6小时，减轻胃肠道负担。

2. 少量多次饮温开水或口服补液盐，防止脱水。

3. 患儿恢复期，可从流质到半流质，逐渐过渡至正常饮食。

4. 注意休息，尽量少带患儿去人多密集的地方，保持室内空气流通。

5. 饭前便后要认真洗手，勤换尿片，保持臀部清洁干爽，局部再抹些油脂类药膏，防止"红屁屁"。

6. 患儿用过的物品应进行彻底清洗、消毒，以防交叉感染。

7. 严重腹泻、有脱水症状的患儿应立即住院治疗。

六、肠套叠

肠套叠是指部分肠管及其肠系膜套入邻近肠腔内造成的一种绞窄性肠梗阻，是婴幼儿时期常见的

急腹症之一。约60%的患儿年龄在1岁以内，约80%的患儿年龄在2岁以内，但新生儿罕见；男孩发病率多于女孩，约为4：1，健康肥胖儿多见。

早期如何识别？

肠套叠是一种常见的小儿急腹症，80%~95%患儿出现腹痛症

状，以间歇性、抽搐、剧烈、进行性腹痛的突然发作为特征，通常间隔 15 ~ 20 分钟，对于尚未有语言表达能力的婴幼儿，早期往往不易察觉，而一旦出现腹痛、呕吐、血便典型三联征时应高度怀疑，立即就医。肠套叠的及时发现非常重要，应尽早确诊，不要耽误治疗。

孩子送去医院早，进行灌肠就可以治疗；送去晚了，极有可能造成肠道坏死、穿孔、感染，甚至休克，则需要紧急开腹手术。发生过肠套叠的孩子，为减少复发，平时要更加注意手卫生、预防感冒，减少因为病毒感染诱发的肠套叠。

七、麻疹

麻疹是由麻疹病毒感染所致的急性呼吸道传染病，多发生于 8 月以上婴儿及 7 岁以下儿童。

（一）皮疹特点

在孩子发热 3 ~ 4 天后皮疹会长出，最初长在宝宝的耳后、发际周围，之后蔓延到脸上、四肢和全身。

皮疹为红色的斑丘疹，用手指轻轻按压会褪色，7 ~ 10 天后痊愈。

（二）其他特点

孩子可能会有低热、高热或其他不舒服的症状。并发症常见，尤其是肺炎。如果神经系统受到影响，可能会有死亡风险。

（三）怎样预防

1 不要到麻疹患儿家中或病房探视。

2 按时进行预防接种，未患过麻疹的小儿均应接种麻疹减毒活疫苗。

（四）处理原则

需要将患病的宝宝隔离到皮疹出现 5 天后。保持室内安静、整洁、空气流通、温湿度适宜,宝宝患病期间,消化功能减弱,可给易消化、营养丰富的食物,忌食辛辣及刺激性食物。鼓励宝宝多饮水。由于出疹可引起皮肤不适痒感,应保持患儿床铺清洁、干燥、松软舒适,避免抓挠出疹部位皮肤,以免造成皮肤破损。

八、水痘

水痘属于儿科常见急性传染疾病,其是由水痘带状疱疹病毒经呼吸道引起的感染,患儿口腔液、血液均含有水痘病毒,若未及时治疗,可引起继发性感染、水痘性脑膜炎等疾病,严重者甚至导致患儿死亡。

(一)怎样预防

接种水痘疫苗是目前预防水痘最有效的方法,接种水痘疫苗后,大多数人可获得相应免疫力。

(二)如何护理水痘患儿的皮肤

由于疱疹部位瘙痒难耐,患儿常常抓挠皮肤,抓破疱疹,留下瘢痕,部分患儿因此会导致感染。为避免患儿抓破疱疹,需剪短患儿指甲。此外,为避免磨损皮肤,家长需为患儿准备宽松柔软的衣服,床单被褥质地也要松软。同时,要勤换衣服,勤晒被褥,避免发生皮肤感染。

(三)患水痘后,怎么吃

中医认为,水痘的发生是由于人体内有湿热郁积、外感时邪病毒,因此对于非哺乳期间的患儿,只需吃一些米汤、稀粥、面条等清淡、易消化的流质或者半流质的食物即可,忌食鱼虾、海鲜、油炸以及辛辣食物等。在水痘发病期间,患儿一般会出现大便干燥的现象,因此需要多饮水,在食物中添加带有叶子的蔬菜,多吃一些新鲜水果,有助于患儿清除体内的积热,使大便通畅。

九、腮腺炎

相信很多人都有这样的记忆，小时候小脸肿得像个猪头似的，吃饭困难、说话也困难，爸妈就差点在你脸上涂墨汁了。这就是腮腺炎，由流行性腮腺炎病毒引起的急性呼吸道传染病，冬春季为流行高峰，其他季节亦可见，以5~15岁儿童最多。那么小儿腮腺炎怎样预防和护理呢？

1. 少带孩子去人多拥挤、空气不流通的公共场所，以防感染传染病。

2. 室内经常通风换气。

3. 平时注意孩子的身体锻炼，增强对疾病的抵抗能力。

4. 注射预防腮腺炎的疫苗。

5. 小儿流行性腮腺炎一般不需住院，可通过家庭护理和治疗，及时隔离患儿，阻断病毒传播。

6. 及时给予患儿营养饮食，口腔护理，病情观察，防止并发症的发生。

十、手足口病

手足口病是由肠道病毒感染所致的传染病，5岁以下儿童中患病率高。

（一）手足口病皮疹特点

患有手足口病的孩子，口腔内和皮肤都会长疹子。口腔内部的黏膜疹常常长在舌头上，最开始是小斑点，后来发展成水疱。

皮肤上的疹子主要长在宝宝的手指背面、手指指缝、手掌、手臂、脚趾背面、脚侧面、脚底、脚跟、大腿和屁股上，不痛不痒，一般 3 ~ 4

天会消退。

（二）其他特点

孩子的体温常低于 38.5℃。

多数宝宝 7 ～ 10 日内可以自愈。

口腔疼痛，孩子可能会拒绝进食。

（三）处理原则

因口腔疼痛，孩子可能会拒绝进食，食物应当以温冷的流质、半流质为主，不要吃水果果汁，酸性可能会加重疼痛。

患有手足口病的宝宝需要适当隔离，家长注意为孩子及时补充水分，观察体温和精神状态的变化。必要时积极就医。

十一、什么是高危儿

广义高危儿特指在母亲妊娠及分娩期、新生儿期以及婴幼儿期存在对胎儿、婴儿生长发育不利的各种危险因素的特殊群体，其定义条件十分广泛，但是高危儿并不一定都危重。

狭义的高危儿是指在新生儿重症监护病房接受监护和治疗的患儿。

十二、高危儿怎样进行家庭监测及家庭训练

（一）视、听觉刺激训练

家长可以用一些黑白卡片、红色的铃铛在新生儿状态比较好的时候进行视、听训练。在早期的视、听反应训练是比较重要的，如果宝宝在 3 个月以后视、听反应还不好就该引起警惕了。

（二）婴儿抚触

6 个月以内都可以给宝宝进行婴儿抚触，通过皮肤刺激宝宝的大脑。还可以进行婴儿被动操训练。

（三）家庭监护

在家监护宝宝，如果发生下列情况一定要引起重视。

1 婴儿手脚经常用力伸直或屈曲，好像"很有力"。

2 满月后头老往后仰，扶坐时竖不起头。

3 2 个月不能微笑，4 个月不能大声笑。

4 3 个月俯卧不能抬头。

5 4 个月紧握拳头，手不松开，拇指内收交叉到掌心。

6 5 个月俯卧位，前臂不能支撑身体或不能抓物。

7 6 个月扶立时尖足。

8 7 个月不能发 ba、ma 音。

9 8 个月不能独坐。

10 手和头频繁抖动。

11 整日哭闹，张口、喂养困难。

12 斜视或眼球运动不良。

十二、高危儿早期干预

早期干预是一种有组织、有目的的，通过各种积极的感觉刺激、丰富环境的教育、训练、干预及治疗手段，使有问题的宝宝得以康复和赶上正常的宝宝。宝宝脑损伤一旦发生，治疗越早疗效越好，若能在出生后 6 个月内大脑发育最迅速的黄金时期开始康复治疗称为早期治疗，脑损伤可以得到最大限度的恢复，脑功能的代偿作用也可极大地发挥。早期干预主要包括：

（一）产前保健

1 遗传咨询。

2 高危妊娠的筛查、监护和管理：提高高危妊娠的检出率、高危妊娠随诊率、高危妊娠住院分娩率。

3 产前诊断：产科、影像学科（B 超）和遗传实验室共同进行。

4 胎儿宫内监护：筛选高危儿进行监护和管理。

（二）新生儿期保健

1 积极治疗早产、颅内出血、新生儿黄疸等疾病。

2 新生儿 20 项行为神经测查 ≤ 35 分为异常。

3 婴儿抚触：良好的皮肤触觉刺激，可促进大脑的感觉统合功能，抚触可坚持到 6 个月。

第九节　回应性喂养

一、回应性喂养的 5 项指标

为进一步促进回应性喂养的普及，WHO 和 UNICEF 制定了 5 项婴幼儿回应性喂养的喂养标准和一系列促进策略：

1. 要求由照护者直接喂养婴幼儿或为能够进行自我喂养的年长婴幼儿提供进食帮助，并对婴幼儿的饥饿和饱腹信号保持敏感。

2. 喂养过程要舒缓有耐心，多使用鼓励而不是强迫的方式帮助婴幼儿进食。

3. 如果婴幼儿拒绝进食某种食物，照护者应该尝试提供不同搭配、味道、口感的新食物，若仍遭到婴幼儿拒绝，照护者应该多尝试几次。

4. 如果婴幼儿在进食时容易失去兴趣，照护者应该降低其他与进食无关的干扰。

5. 喂养过程是婴幼儿学习和感受爱的过程，照护者在喂食过程中应该注意与婴幼儿互动和目光交流。

二、回应性喂养的促进策略

1. 积极喂养：喂养时照护者要与婴幼儿进行交谈和目光接触，对预期的喂养行为进行明确沟通，及时回应婴幼儿的饥饿和饱腹信号，直接喂养婴幼儿或协助稍长的婴幼儿进行自我喂养。

2. 喂养过程：缓慢、有耐心地鼓励婴幼儿进食，杜绝强迫喂养方式。

3. 饮食行为：婴幼儿照护者及其他家庭成员都应选择健康的食物和进食方式。

4. 喂养食物：照护者所提供的食物必须是健康、美味、适龄的。

5. 喂养环境：环境舒适无过多干扰，婴幼儿进食姿势舒适且尽量与照护者面对面以方便照护观察，根据一个可预测的时间表安排婴幼儿的喂养时间，每次喂养最好选择固定的时间和地点。

6. 应对拒绝进食：采用不同的食物组合、口味和口感或使用不同方式喂养婴幼儿，如结合游戏和亲子互动。

三、特殊情况下回应性喂养的促进策略

1. 婴幼儿生病时：慢慢地、耐心地喂食，为有吞咽困难的婴幼儿提供流食或软食，给婴幼儿最喜欢的食物，少量多餐，增加液体摄入量。

2. 疾病恢复期：以应对婴幼儿日益恢复的食欲为主，每餐提

供更多的食物，并在最初的两周内每天为婴幼儿提供额外的膳食或零食。

3.当婴幼儿拒绝进食时：寻找能够引起婴幼儿兴趣的替代食物，将食物做成不同的形状，进行游戏互动，避免婴幼儿单独进食。

4.当婴幼儿食欲下降时：温和耐心地喂食，给婴幼儿最喜欢的食物，增加母乳喂养频次，提供更多的喂养机会，少食多餐。

湖南省自然科学基金（2021JJ70127）
湖南省科技厅临床医疗技术创新引导项目（2020SK53105）
湖南省教育厅项目（21C0011）
湖南儿科医联体专项科研基金

图书在版编目（CIP）数据

新手妈妈你知道吗？：婴幼儿养育照护手册 / 方玉琦，彭芳，李寒梅主编.—— 长沙：湖南科学技术出版社，2022.11
ISBN 978-7-5710-1564-0

Ⅰ.①新… Ⅱ.①方… ②彭… ③李… Ⅲ.①婴幼儿—哺育—手册 Ⅳ.①TS976.31-62

中国版本图书馆CIP数据核字（2022）第077726号

新手妈妈你知道吗？——婴幼儿养育照护手册
XINSHOU MAMA NIZHIDAOMA?——YINGYOUER YANGYU ZHAOHU SHOUCE

主　　编： 方玉琦　彭芳　李寒梅

出 版 人： 潘晓山

责任编辑： 王跃军　谢俊木子

出版发行： 湖南科学技术出版社

社　　址： 长沙市芙蓉中路一段416号泊富国际金融中心

网　　址： http://www.hnstp.com

湖南科学技术出版社天猫旗舰店网址： http://hnkjcbs.tmall.com

邮购联系： 0731-84375808

印　　刷： 长沙三仁包装有限公司
（印装质量问题请直接与本厂联系）

厂　　址： 长沙市宁乡高新区泉洲北路98号

邮　　编： 410604

版　　次： 2022年11月第1版

印　　次： 2022年11月第1次印刷

开　　本： 787mm×1092mm　1/16

印　　张： 15.5

字　　数： 189千字

书　　号： ISBN 978-7-5710-1564-0

定　　价： 49.00元